EFDC를 이용한

해양모델링 실습

___저자약력

강윤호

전남대학교 해양학과(이학사)
서울대학교 대학원 해양학과(석사수료)
영국 Univ. of Bradford 토목환경공학과(공학박사)
전남대학교 대학원 수산과학과(이학박사)
현재 광주과학기술원 장기해양생태계연구센터
E-mail : ykang001@hanmail.net

김종규

부경대학교 해양공학과(공학사)
부경대학교 대학원 해양공학과(공학석사, 공학박사)
현재 전남대학교 해양기술학부 교수
한국해양학회 평의원/편집위원
한국해양환경에너지학회 편집위원/총무이사/편집이사
해양수산부 해역이용영향검토 자문위원
E-mail : kimjk@chonnam.ac.kr

EFDC를 이용한

해양모델링 실습

인쇄 | 2018년 4월 25일
발행 | 2018년 4월 30일

저자 | 강윤호 · 김종규
발행인 | 정병석
발행처 | 전남대학교출판문화원

등록 | 1981. 5. 21. 제53호
주소 | 61186 광주광역시 북구 용봉로 77
전화 | (062) 530-0571~2
영업부 | (062) 530-0573
팩스 | (062) 530-0579
홈페이지 | http://www.cnup.co.kr
이메일 | cnup0571@hanmail.net

값 17,000원

ISBN 978-89-6849-495-6 (93450)

이 도서의 국립중앙도서관 출판예정도서목록(CIP)은
서지정보유통지원시스템 홈페이지(http://seoji.nl.go.kr)와
국가자료공동목록시스템(http://www.nl.go.kr/kolisnet)에서 이용하실 수 있습니다.
(CIP제어번호 : CIP2018012785)

EFDC를 이용한

해양모델링 실습

강윤호 · 김종규 공저

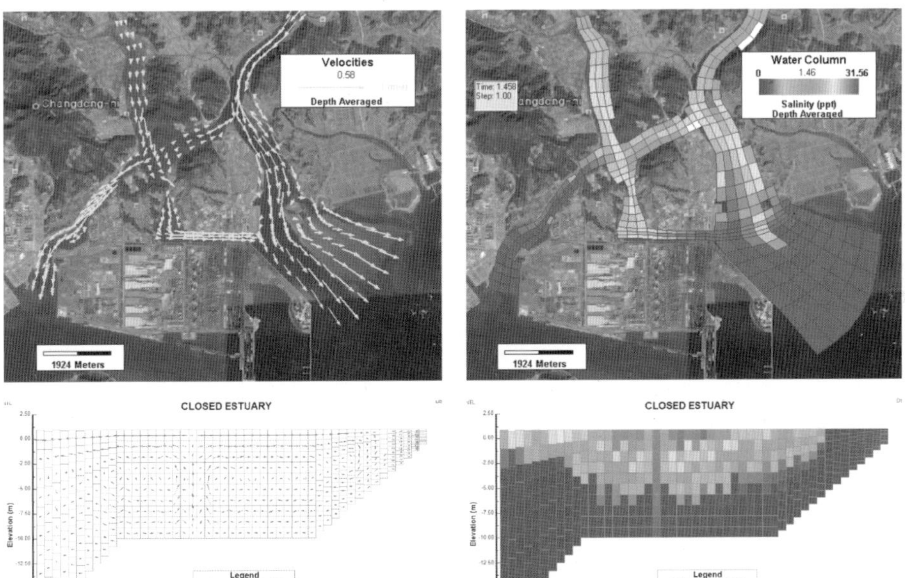

전남대학교출판문화원

저자 서문

본 도서는 모델을 처음 접하는 학부나 대학원 초년생, 실제 현장에서 모델링 업무를 처음 시작하는 사람 그리고 수리 및 수질, 해양역학, 수치해석학 등 모델 관련 기본 과목을 비록 학습하지 않았지만 모델에 관심을 가진 비전공자를 위해 집필하였다. 이들이 쉬운 방법으로 그리고 짧은 기간 내에 모델구성을 이해하고 실제 모델을 활용할 수 있도록 도움을 주기 위해 최소한의 내용으로 작성된 도서이다. 모델이 다루는 자연현상의 이론적 배경 혹은 지배방정식을 컴퓨터가 처리할 수 있는 차분식으로 전개하는 방법 등의 깊이 있는 내용을 알고자 한다면 이 도서는 큰 도움이 되지 않을 지도 모른다. 본 도서에서는 모델이 제공하는 방대한 매뉴얼에서 반드시 알아야 할 최소한의 내용만을 설명하였다. 따라서 이 도서는 모델링 중급자 이상이 아닌 처음 시작하는 사람을 위한 안내서라 할 수 있다. 본 도서는 아래에 소개될 범용의 EFDC 모델을 이용하여 해수유동과 염료, 수온, 염분, 온배수의 운반과 혼합 그리고 열수지를 모의하는 방법 등에 대해 기술하고자 한다.

본 도서에서 사용되는 EFDC(Environmental Fluid Dynamic Codes)는 유동, 수질, 퇴적물 이동을 모의할 수 있는 3차원 수치모델로서 초기 버전 AAEFDC_TT.FOR이 있고 미국 환경보호국(EPA) 버전인 EFDC.FOR를 거쳐 상용화되었고 다양한 버전으로 계속 개선되어 현재 EFDC+ 버전에 이르고 있다. DS 버전의 경우 약 241개의 부 프로그램과 40개의 함수를 포함하며 약 140,000 줄의 방대한 크기의 원시프로그램으로 구성된 만큼 전체를 이해하기 위해서는 지배방정식과 이들을 컴퓨터가 이해할 수 있는 사칙연산으로 변환하는 과정에 관련된 수치해석에 대한 충분한 이해가 선행되어야하나 본 도서에서는 원리적 측면 보다는 이용하는 관점에서 아래와 같이 모의에 필요한 최소한의 입력파일을 구성하고 이를 적용하는 방법에 집중하였다.

유동모의시 최소 5개 입력파일(EFDC.INP, CELL.INP, CELLLT.INP, DXDY.INP, LXLY.INP)이 준비되면 모의가 가능하기 때문에 이들 입력파일을 작성하는 과정을 자세히 다루었다. 모델은 실행파일이 제공되는 EPA버전을 중심으로 설명하며, EFDC 모델을 좀 더 편리하게 사용하기 위해 제공된 EE(EFDC Explorer)을 이용하는 방법을 함께 기술하였다.

이 도서는 크게 다섯 개의 장으로 구성된다. 첫째 장에서는 수리역학모델을 실행하는 전반적인 과정을 다음과 같이 구분하여 설명하였다. 관심영역의 해도를 이용하여 모델에 필요한 형식의 수심자료를 작성한다. 연구목적, 수심분포 및 계산비용을 고려하여 격자를 구성한다. 계산영역의 조석, 유동, 기상, 오염물 유입 등의 내용을 근거로 개방경계 자료, 초기입력 및 시계열 파일을 작성한다. 모델 실행의 모든 사항을 조정하는 컨트롤 파일을 작성하고, EFDC Explorer을 이용하여 계산결과를 가시화하는 방법을 학습한다. 둘째 장에서는 첫째 장에서 구축된 유동 모델을 이용하여 염료의 이류 · 확산 모의를 실행한다. 오염물이 방류구를 통해 계산영역으로 유입되는 과정을 입력파일과 컨트롤 파일을 이용하여 다루는 방법을 학습한다. 셋째 장에서는 가상의 실험하구를 구축하여 유동장을 재현한 다음 하천 유출에 의한 수온과 염분의 운반과 확산을 모의하는 과정을 학습한다. 넷째 장에서는 가상의 실험하구에서 온배수 방류를 가정하여 입력파일을 작성하고 모의하는 과정을 학습한다. 다섯째 장에서는 폐쇄된 사각형 저류지를 구축하고 대기와 바람 입력파일을 작성하여 태양복사, 대기와 수주 경계면 그리고 수주와 퇴적물 경계면에서 발생하는 열교환을 모의하는 과정을 학습한다. 한편, 자료처리 과정에 사용된 간단한 포트란 프로그램들은 부록에 실었으며 기타 관련 파일은 저자의 이메일로 문의하면 보내드리고자 한다.

본 도서는 몇 차례 해양모델링 워크샵을 통해 준비된 원고를 바탕으로 작성되었으며 원고 작성에 도움을 준 전남대학교 대학원의 김영민 군에게 감사드린다. 현재 우리가 사용할 수 있는 EFDC와 EFDC Explorer 프로그램은 우리가 경험하거나 머릿속으로 상상하는 다양한 자연현상을 가시화하고 정량화 할 수 있는 매우 유용한 도구임이 틀림이 없다. 이들의 공개버전 개발에 기여한 John Hamrick, Paul M Craig, 박경, 미국환경보호청 등 많은 사람과 기관의 노력에 감사드린다.

2018년 2월 강윤호, 김종규

차 례

제1장 유동 모의

1.1 수심

1.1.1 계산영역 설정

모의실험의 목적에 따라 계산영역의 공간적 범위를 설정한다. 해수유동 모의의 경우, 개방경계와 모형보정을 위한 현장 자료 유무와 관심 구간의 유동이 안정적으로 재현될 정도로 충분히 넓은 공간을 고려하여 결정한다. 오염물 이류 · 확산 모의의 경우 오염물이 개방경계를 통과하여 계산영역에서 제거되지 않을 정도로 먼 거리를 설정한다. 이는 조류가 바뀌면서 영역에서 유출된 오염물이 다시 유입되는 경우 모델에서 이를 재현하는 과정에서 발생하는 오류를 피하기 위해서이다.

임의의 해역에 수치모형을 적용하기 위해 아래와 같이 계산영역을 설정하여 보았다(<그림 1.1>).

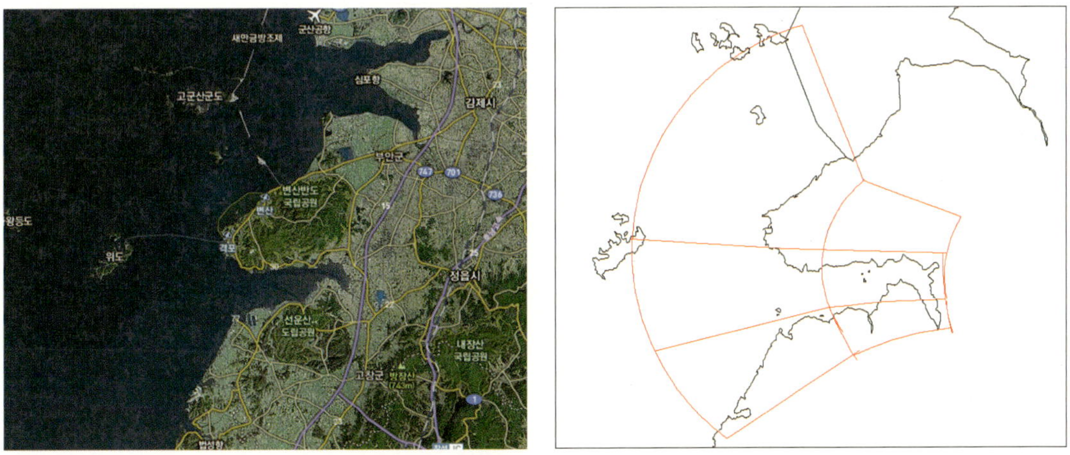

〈그림 1.1〉 관심해역(좌)의 계산영역 설정(우)

개방경계 부근에서 조석자료를 획득하기 위해서 국립해양조사원(http://www.khoa.go.kr) 자료를 활용하기로 한다. 아래 그림의 홈페이지를 접속하여 .../조석예보및성과/기본수준점...으로 이동하면 지도(<그림 1.2>)가 나타나고 여기에 나타난 정점 가운데 원하는 지점을 선택하여 마우스로 클릭하면 기본수준점 성과표 파일(<그림 1.3>)이 팝업창으로 생성되며 인쇄 및 다운로드가 가능하다.

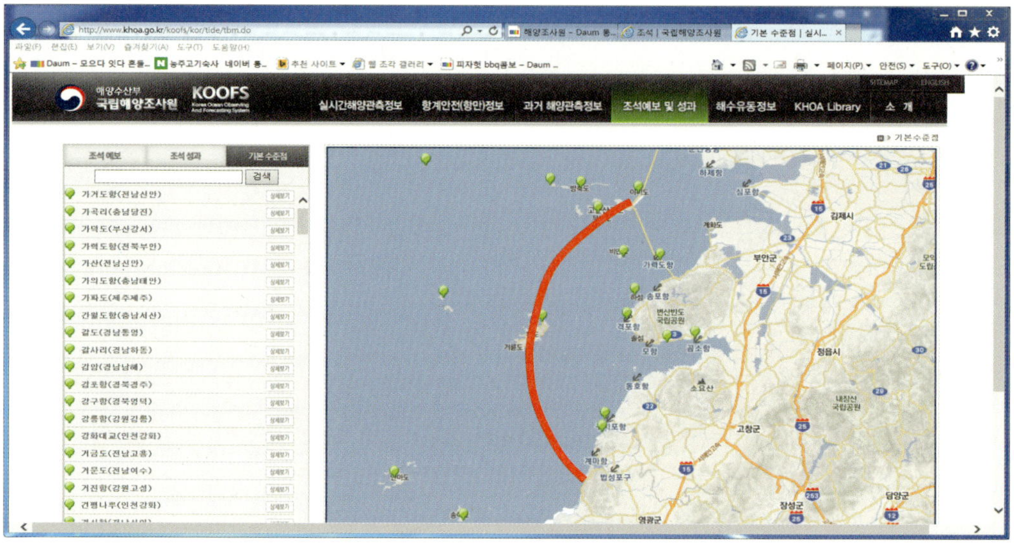

〈그림 1.2〉 조석자료 획득

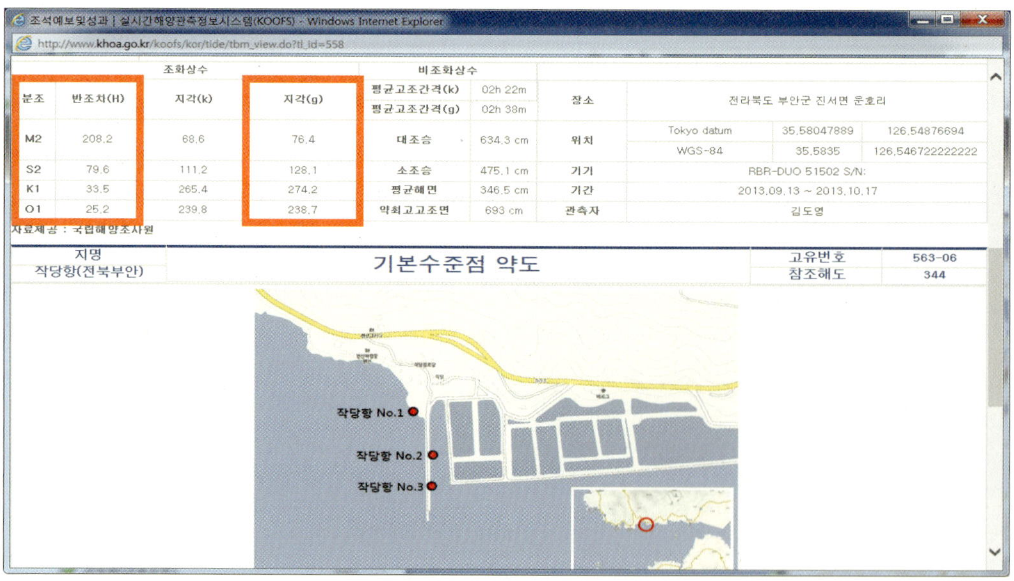

분조	반조차(H)	지각(k)	지각(g)	비조화상수		장소	전라북도 부안군 진서면 운호리		
				평균고조간격(k)	02h 22m				
				평균고조간격(g)	02h 38m				
M2	208.2	68.6	76.4	대조승	634.3 cm	위치	Tokyo datum	35.58047889	126.54876694
							WGS-84	35.5835	126.546722222222
S2	79.6	111.2	128.1	소조승	475.1 cm	기기	RBR-DUO 51502 S/N:		
K1	33.5	265.4	274.2	평균해면	346.5 cm	기간	2013.09.13 ~ 2013.10.17		
O1	25.2	239.8	238.7	약최고고조면	693 cm	관측자	김도영		

〈그림 1.3〉 기본수준점 성과표

유동모의에서 조류를 보정하기 위해 필요한 자료를 획득하기 위해서 국립해양조사원자료를 활용하기로 한다. 아래 그림의 홈페이지를 접속하여 .../해수유동정보/조류/조류관측...으로 이동하면 지도(<그림 1.4>)가 나타나고, 아래 과정을 거쳐 자료(<그림 1.5>)를 추출한다.

1. '자료검색'에서 30주야, 시작과 완료기간 설정하고 '검색' 클릭
2. '선택' 아이콘 클릭
3. 관측정점 포함하는 사각형 좌측 마우스로 2회 클릭하여 설정
4. '조류실측_조류정보' 팝업창이 생성되며, '분조'를 선택하면 새 페이지에 관측정보 및 조화상수가 제시됨

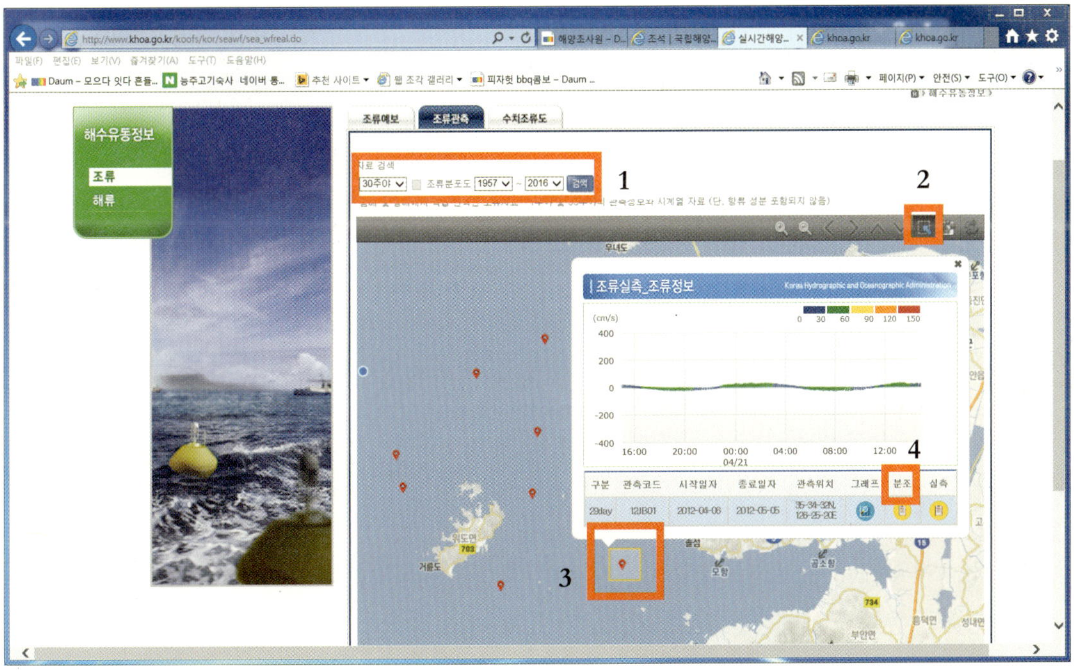

〈그림 1.4〉 조류관측자료 획득

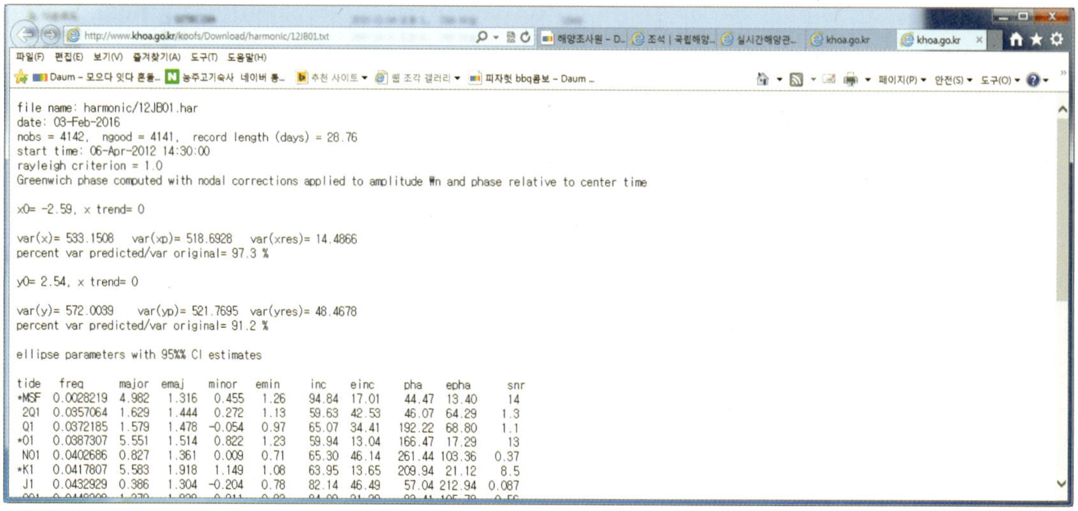

〈그림 1.5〉 조류 관측정보 및 조화성분

1.1.2 수심자료

계산영역 내 섬과 육지의 경계와 해역의 수심을 파악하고 수치모의에 필요한 수심 입력자료를 생성하기 위해 수심자료를 획득한다. 수심자료는 오토캐드(s/w acad) 육상도면인 수치지도와 해상도면인 수치해도가 있고, 육상도면 상에 조간대의 수심이 기재된 연안해역기본도가 있다(<표 1.1>).

〈표 1.1〉 수심을 표현하는 지도의 종류

지도	내용
수치해도	해상도면, DL 기준, shp 파일형태, 국립해양조사원
수치지도	육상도면, EL 기준, 해안선 정확, dxf 파일형태, 국토지리정보원
연안해역기본도	육상+조간대, EL 기준, 종이지도, 국토지리정보원

가. 수치해도

수치해도는 바다의 수심을 표현한 해상도면으로서 육상도면인 수치지도와는 달리 DL 기준면을 사용하며 국립해양조사원에서 발행한다. 관심 해역의 수치해도를 획득하기 위해서는 수로도서지목록전체.pdf (국립해양조사원, 2015)를 참고하여 해도의 번호를 파악한다

(예, <그림 1.6> – 49쪽 No. 3100 (구 번호 dc302)). 아울러 수치지도 구매는 아래를 통해 구매하면 인터넷을 통해 파일형태로 받을 수 있다: – 한국해양개발(주) (www.chartkorea.com), 마린주식회사 (www.hd-emarine.com).

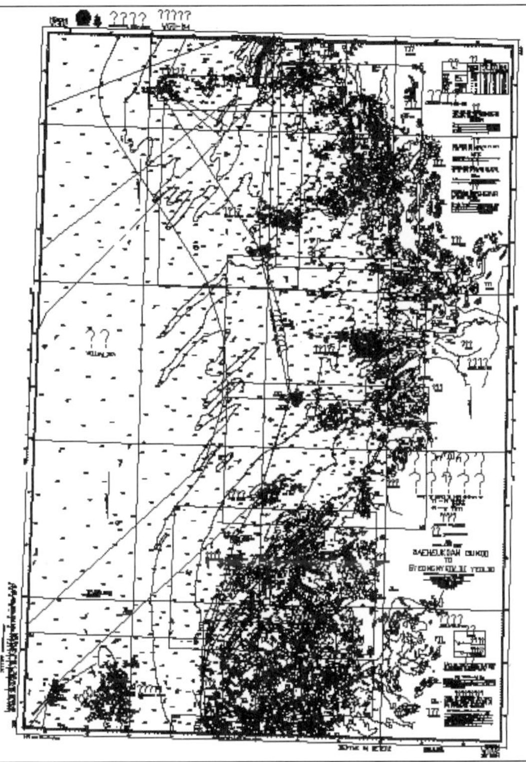

〈그림 1.6〉 수치해도(No.3100)

나. 수치지도

육상의 경우, 해안선이 매우 복잡하거나 해안 개발 등으로 인해 빠르게 변하게 될 경우, 육상 지도에는 해도 보다 세밀한 척도로 주기적으로 변화된 부분을 반영하기 때문에 해상 도면 보다는 육상도면을 사용하는 것이 정확하고 최근의 변화를 확인할 수 있다.

육상도면인 수치지도로는 국토지리정보원이 작성하고 국가공간정보유통시스템 (http://www.nsic.go.kr)을 통해 제공하며, 아래의 단계 (<그림 1.7>)를 따라 수치지도 (<그림 1.8>)를 획득할 수 있다.

/지도구매바로가기/...

수치지도 √, 지도선택 √, 레이어목록 1 : 25,000 GRS80 √,

지도축적 - 1 : 25,000, 공급자 - 국토지리정보원, 타원체 - GRS80,

도엽선택 - 원 선택 후 원하는 도엽에 마우스로 클릭 후 검색

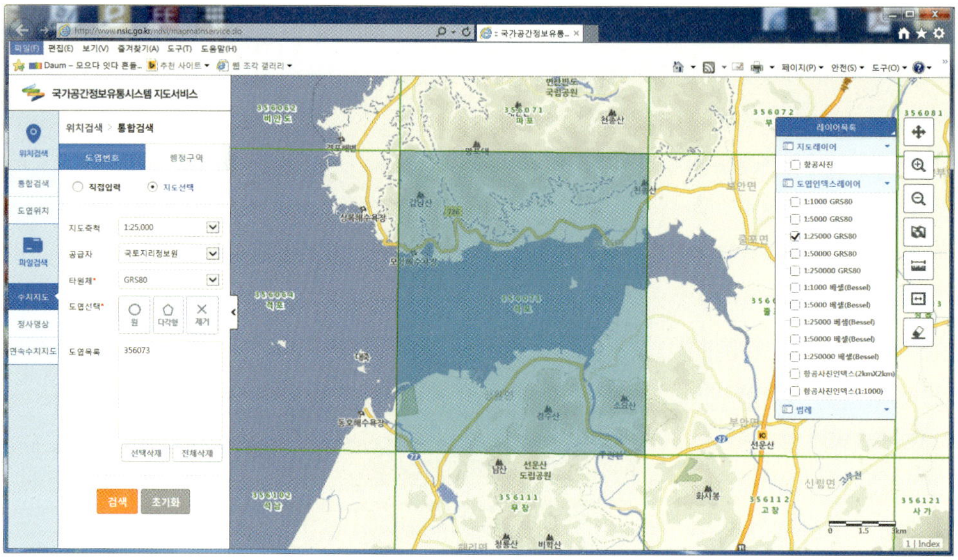

〈그림 1.7〉 수치지도 선택

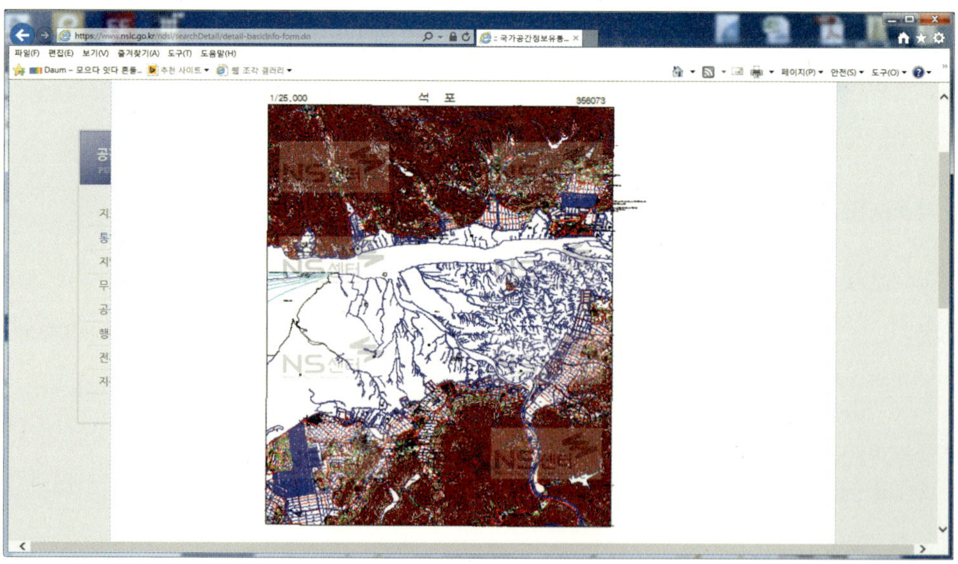

〈그림 1.8〉 수치지도

다. 연안해역기본도

수치지도에서는 <그림 1.8>과 같이 조간대의 지형을 알 수는 있으나 수심이 기재되어 있지 않는 경우가 있다. 이때 육상과 해역의 등고선이 기재된 연안해역기본도(<그림 1.9>)를 이용할 수 있다. 이는 종이로 작성된 지도로서 국가공간정보유통시스템을 통해 구할 수 있다. 그림에서 파란색은 등심선 붉은색은 퇴적층의 두께를 지시한다. 아울러 도면은 육상기준인 EL로 표시된 만큼 해상기준인 DL로 수정하여 사용할 필요가 있다(<그림 1.9>). 표고기준인 EL과 DL에 대해서는 ‘1.1.3 라. 해안선수정’을 참고하기 바란다.

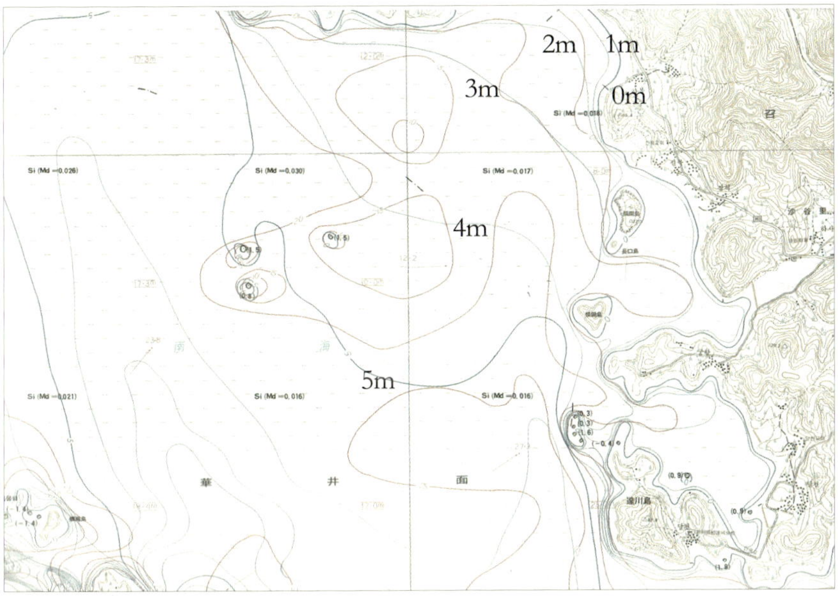

〈그림 1.9〉 연안해역기본도

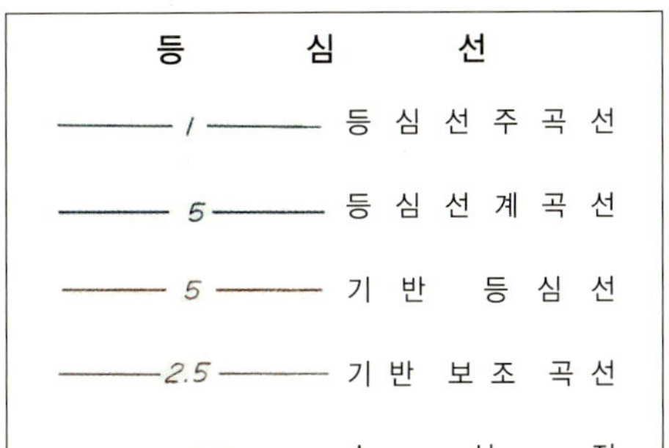

〈그림 1.10〉 연안해역기본도 등심선 설명

1.1.3 수심편집

획득한 도면으로부터 수치모형에 입력될 수심의 기초자료로 가공하기 위해서는 다음과 같은 과정을 거친다.

- 포맷일치
- 계산영역추출
- 수심레이어추출
- 해안선수정
- 조간대수심수정
- 전체수심수정

가. 포맷일치

획득한 모든 수심파일의 포맷을 UTM좌표와 DXF 형태로 일치시킨다. 만일 도면이 shp 파일일 경우, shp 파일을 dxf 파일로 변경 (QGIS, 오토캐드map 3D, arcgis, arcinfo, arcview 등 프로그램 사용)하고 위경도 좌표를 UTM 좌표로 변경한다.

나. 계산영역추출

전체 도면에서 계산영역을 추출하기 위해서는 일단 계산영역 이외의 지역을 제거한다. 예를 들어, No. 3100 (구도면 DC302.DXF)에서 곰소만 해역을 설정할 경우 <그림 1.11>과 같다.

다. 수심레이어추출

오토캐드 도면은 <그림 1.12>와 같이 표고 외에 지질, 식생, 인문 등의 다양한 정보를 지시하는 여러 개의 레이어로 구성되는데, 이 가운데 수심에 관련된 레이어만 추출하여 사용할 수 있다. 해안선은 육지와 바다의 경계를 지시하며 바다 수심의 기준면으로 표시된다(<표 1.2>). 해안선을 지시하는 레이어는 해안선 특성에 따라 자연, 인공, 기타로 구분할 수 있고, 이때 수심은 0m이며 polyline 형식으로 구성되며, 좀 더 세밀한 조건에 따라 COALNE, SLCONS, CAUSYWY 등으로 제공된다. 해안선 아래 바다의 수심은 점(point)과 등수심선(polyline) 형태로 표시되는데, 점으로 표시되는 SOUNDG 레이어의 경우 기본

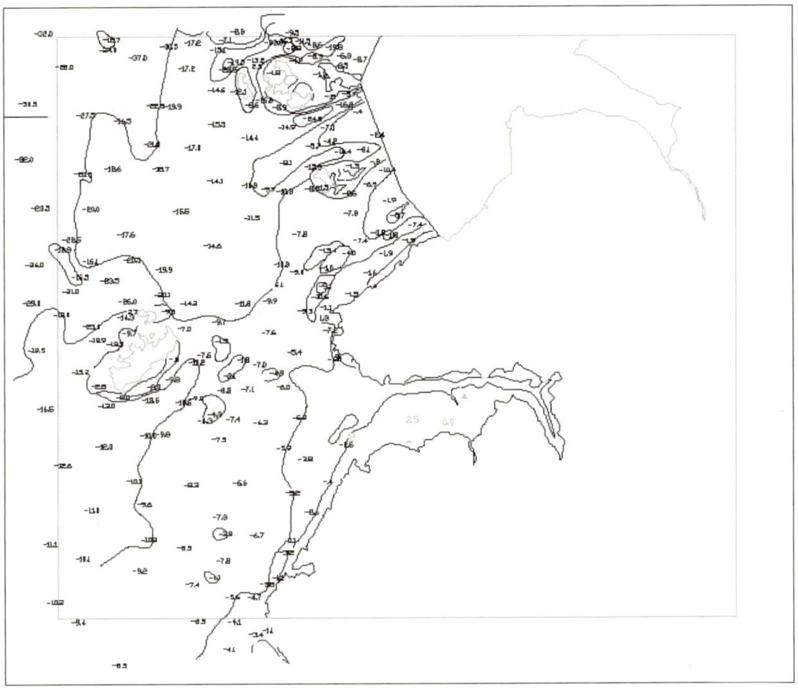

〈그림 1.11〉 전체 도면에서 계산영역 추출

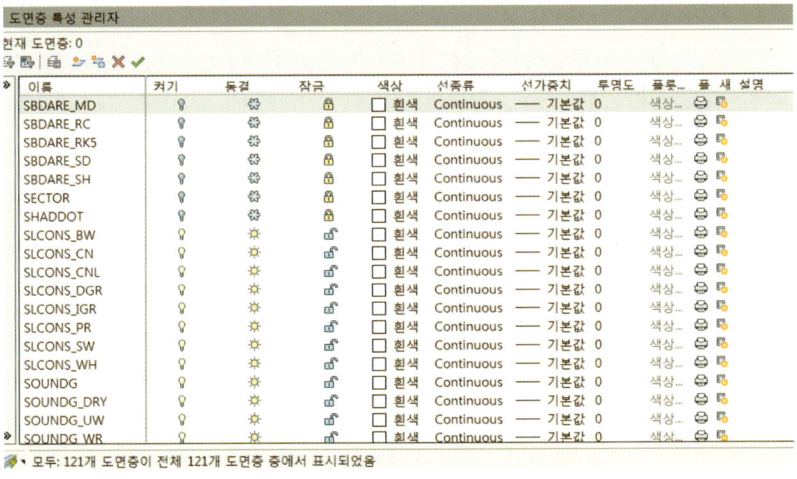

〈그림 1.12〉 오토캐드 도면의 레이어 구성

수준면 상부에서는 (+) 하부에서는 (−) 값을 갖는다. 그러나 등수심선으로 표시되는 DEPCNT 레이어의 경우 기본수준면 하부에서 (−) 값이어야 하나 편의상 (+) 값으로 표시됨에 주의가 요망된다.

〈표 1.2〉 수심관련 레이어 분류

분류		수심, 형식	레이어 명칭
해안선	자연 해안선	0m, polyline	COALNE_CLL, _CLM, _CLS (steep coast large, medium, small) COALNE_FL, _MA, _SA, _ST (flat, marsh, sand, stony coasts)
	인공 해안선	0m, polyline	SLCONS_BW,CN,CNL,DGR,IGR,PR,SW,WH
	기타	0m, polyline	CAUSWY, _D, _I (cause way, _line, _dash line) CLIFF_L, _M, _S (cliff large, medium, small)
해안선 아 래 수 심	점	조간대, 조상대 (+), point 조하대, (−), point	SOUNDG, _DRY, _UW, _WR
	등수심선	조하대, (+), polyline	DEPCNT (DEPth CoNTour)

라. 해안선수정

해양도면인 수치해도 상에서 육상경계가 복잡하거나 세밀하게 표현해야 될 경우 육상도면인 수치지도에서 해안선을 참고하여 수치해도를 수정할 필요가 있다. 그러나 수치해도와 수치지도는 서로 다른 표고 기준면을 사용하기 때문에 육지와 바다의 경계인 해안선 수심을 기재할 때 주의가 필요하다. 특히, 수치해도에서 해안선 기준면과 기본수준면은 동일하게 0m를 갖기 때문에 조간대가 넓게 발단한 서해의 경우 해안선기준면을 약최고고조면(Approximate Highest High Water)으로 수정할 필요가 있다.

해상도면인 수치해도에서 표고가 0m (DL)가 되는 면을 해상기준면이라 하고 기본수준면(datum level, DL)을 해상기준면으로 설정한다. 기본수준면 DL은 조석이 그 이하로는 내려가지 않는 면인 약최저저조면 (Approximate Lowest Low Water)으로서 4개 조화상수의 반조차를 합한 만큼 평균해수면에서 아래로 내린 면이라 할 수 있다(<그림 1.13>). 이는 조석표의 조고 및 해도에 있어서 수심을 표시하는 기준면으로 사용된다. 평균해수면(Mean Sea Level, MSL)은 1개월 이상 조석을 관측하여 조화분화한 4개 조화상수(M2, S2, K1, O1)의 반조차를 모두 더한 합을 말한다.

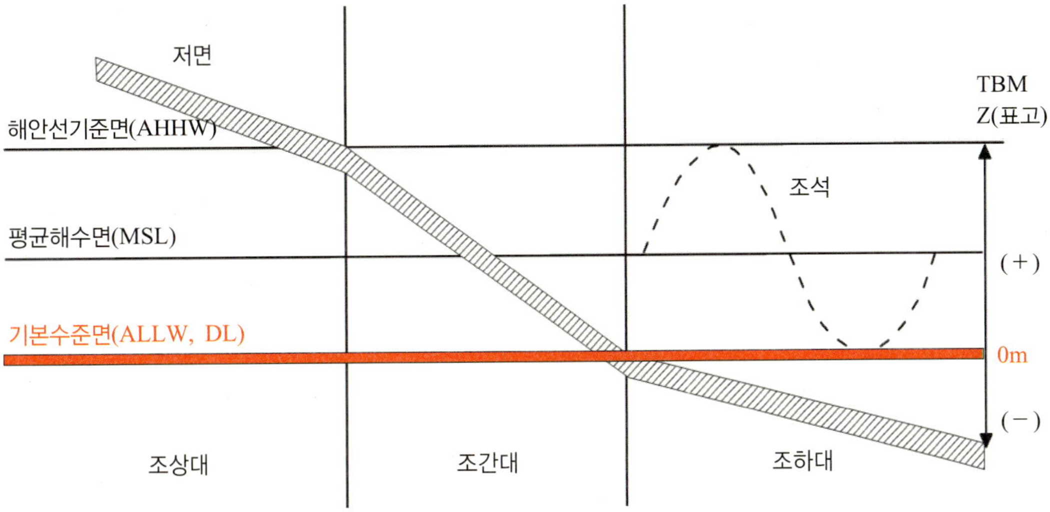

〈그림 1.13〉 해상 수직기준체계

한편, 수치해도에서 해안선기준면은 약최고고조면(Approximate Highest High Water) 즉, 평균해수면에서 4개 분조의 반조차 합만큼 올라간 면으로 정의할 수 있다. 그러나, 편의상 해안선기준면을 0m로 표시하고 있기 때문에 이를 약최고고조면으로 수정할 필요가 있다. 특히 조간대가 넓게 발달한 서해의 경우 기본수준면 DL과 약최저저조면 AHHW 사이의 거리가 크기 때문에 세심한 주의가 필요하다(<그림 1.14>).

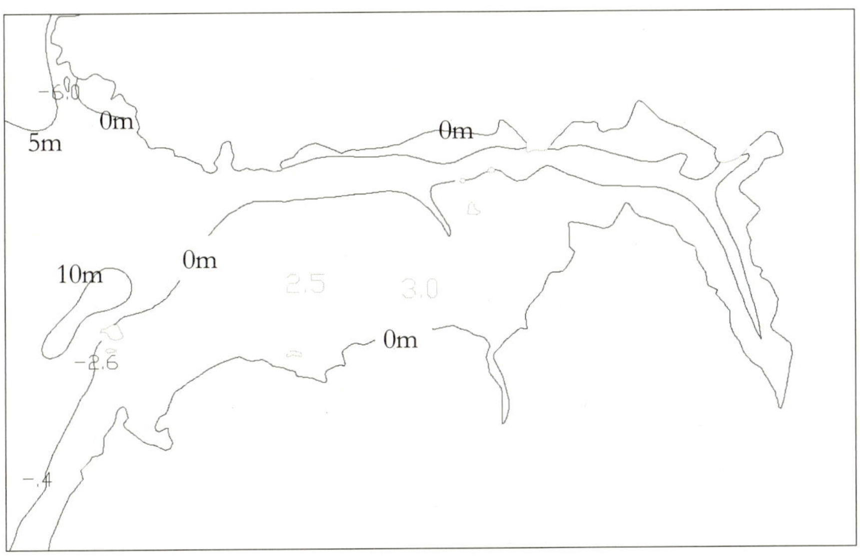

〈그림 1.14〉 수치해도의 육상 및 조간대 수심 표현

한편, 육상도면인 수치지도에서 표고가 0m (EL)가 되는 면을 육상기준면이라 한다(<그림 1.15>). 육상기준면은 인천만의 평균해수면(인천만 중등조위면, IMSL)을 0점으로 잡아 수준측량을 실시하여 전국적으로 수준점이 매설되어있다. 이때 수준점이란 해수면으로 부터의 수직높이를 결정하기 위한 기준점으로서, 국토지리정보원에서 관리하는 BM(Bench Mark)과 해양조사원에서 관리하는 TBM(Tidal Bench Mark)으로 이원화되어있다.

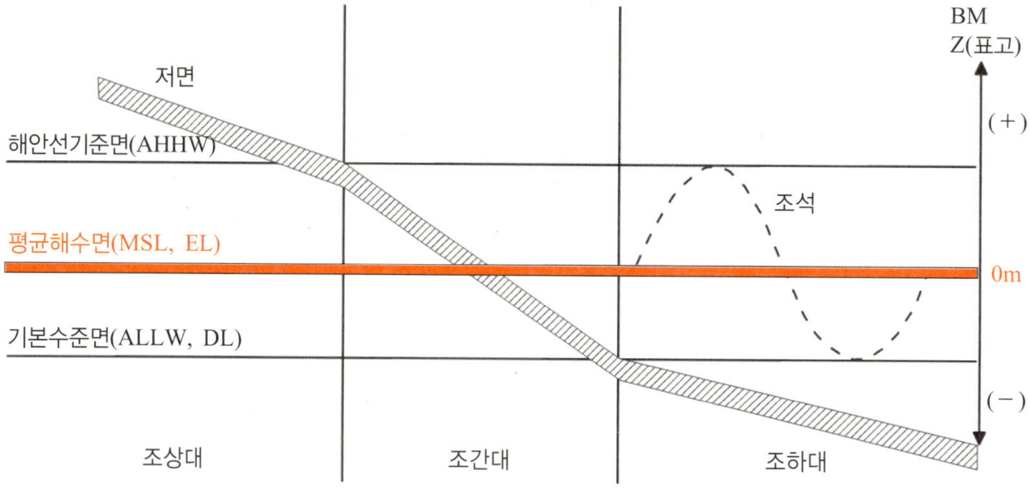

〈그림 1.15〉 육상 수직기준체계

마. 조간대수심

해도에서 조간대 지형은 매우 복잡한 반면, 수심은 점 형식으로 제한적으로 제공되는 경우가 많다(<그림 1.16>).

〈그림 1.16〉 곰소만 조간대 분포

조간대의 수심자료를 구하기 위해 연안해역기본도를 이용하거나 항공사진 등을 이용할 수 있다. 연안해역기본도를 이용할 경우, 기준면 EL을 DL로 환산할 때 주의가 필요한데, 육상과 해상기준면이 불일치하는 까닭에 인천 육상기준면과 국지 해상기준면의 편차를 고려하여 재산정하여 입력하여야 한다. 계산과정은 국지 해상기준면에서 인천육상기준면을 감산하여 편차를 구하고, EL수심에 편차를 감산하여 DL수심을 결정한다.

① 편차(offset) = LDL(Local DL) − IMSL(Incheon MSL),

② DL 수심 = EL 수심 − offset

예를 들어, <그림 1.17>과 같이 EL 기준 수심을 갖는 수치지도 혹은 연안해역기본도에서

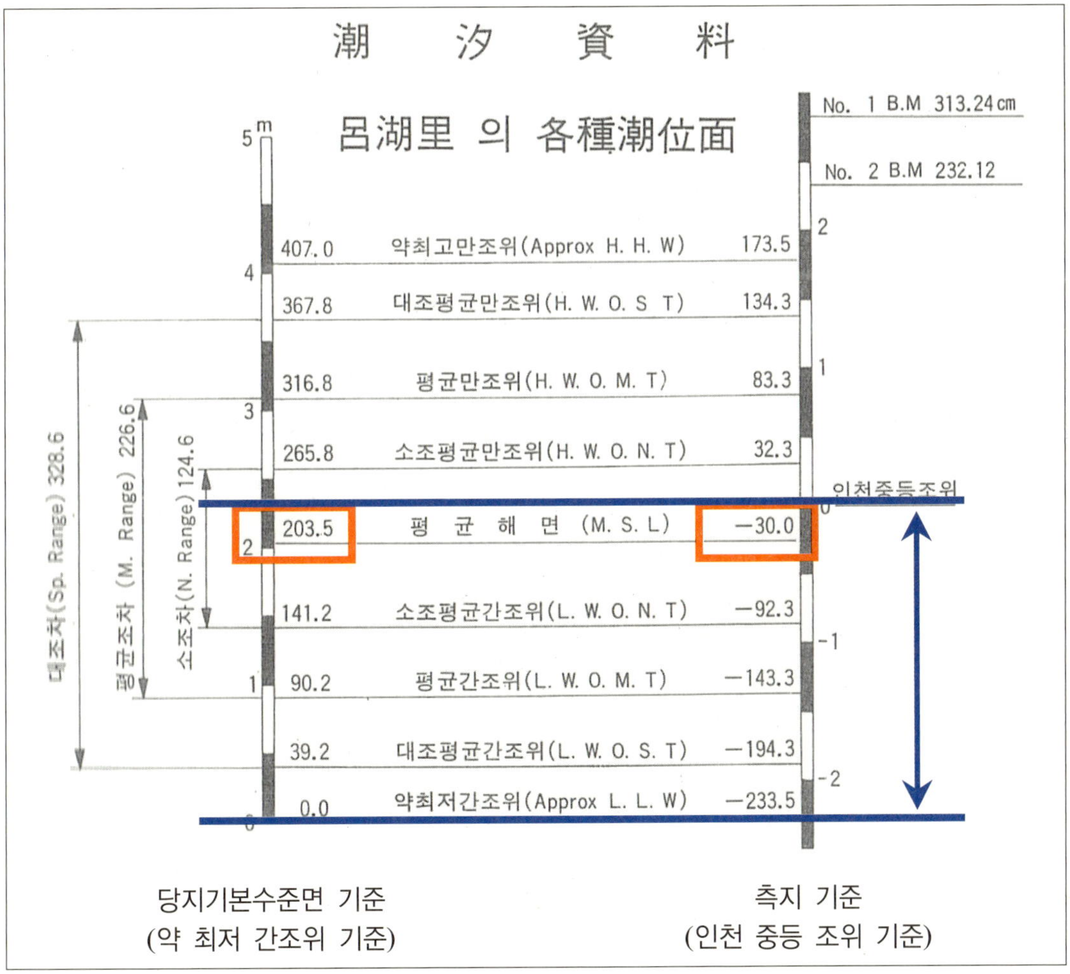

〈그림 1.17〉 육상과 해상 조위면과 편차(화살표)

국지 해상기준면과 인천육상기준면을 이용하여 DL 기준 수심으로 환산하는 과정을 볼 수 있다(<표 1.3>).

〈표 1.3〉 DL과 EL 기준 수심변환

DL 수심	EL 수심	offset
407.0	173.5	
203.5	-30.0	235.5
0.0	-233.5	

참고: http://www.ngii.go.kr/geoid/lecture/conn_dualize.do

바. 수심수정

조사해역의 해안선 수심을 약최고고조면으로 수정한다. 예를 들어, 전북부안에서 관측된 조석자료(<표 1.4>)를 이용하여 평균해수면과 주요 4대분조 반조차를 더한 값을 합하여 산정한다:

693 = 346.5 + 208.2 + 79.6 + 33.5 + 25.2

〈표 1.4〉 전북 부안 조석 성분 조화분해

조화상수				비조화상수	
분조	반조차(H)	지각(k)	지각(g)	평균고조간격(k)	02h 22m
				평균고조간격(g)	02h 38m
M2	208.2	68.6	76.4	대조승	634.3 cm
S2	79.6	111.2	128.1	소조승	475.1 cm
K1	33.5	265.4	274.2	평균해면	346.5 cm
O1	25.2	239.8	238.7	약최고고조면	693 cm

자료제공: 국립해양조사원

한편, 해도의 조하대에서 (+) 값으로 표시된 등수심선 표고를 (-) 값으로 수정하여 입력한다. 아울러 섬과 육지 사이 수로에서 수심이 급격하게 변화하거나, 수심 자료가 부족한 구역에서는 수심 자료를 첨부하여 수심을 보간하는 과정에서 발생하는 수치적 오차를 최소화한다(<그림 1.18>).

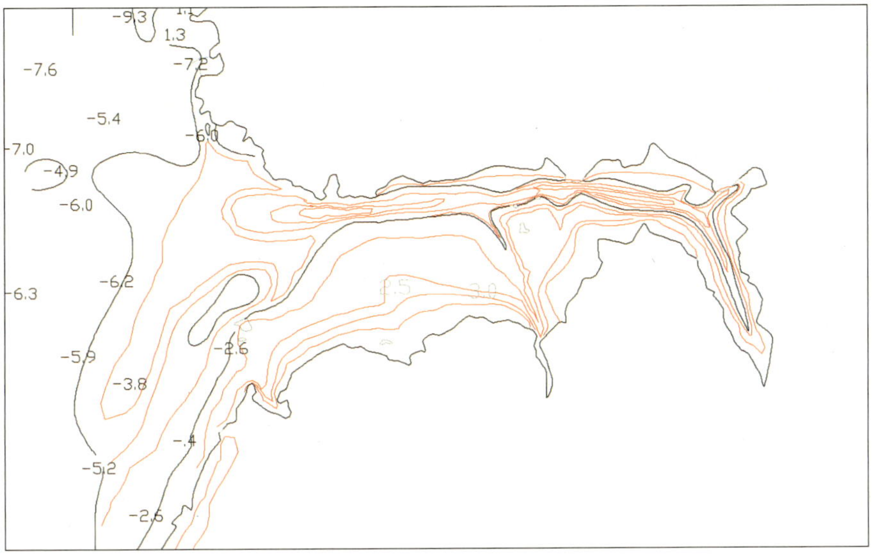

〈그림 1.18〉 수심 첨부 및 수정

1.1.4 육상경계

가. 폐곡선출력

수치모의 결과를 서퍼(surfer s/w) 등을 이용 그림으로 작성할 경우, 육상 및 섬 지역을 일정한 색으로 표현할 필요가 있다. 이때 오토캐드를 이용하여 육상 및 섬의 경계 라인의 시작점과 끝점을 연결하여 육상경계 폐곡선을 작성한다. 육상경계 폐곡선을 파일로 만들기 위해 다음 과정을 진행한다.

① 육상경계를 포함하는 레이어만 남기고 나머지 레이어는 '켜기', '동결', '잠금'을 선택하여 사용을 금지시킨다.

② 필요한 레이어만 '클립보드/복사, 클립보드/원래의 좌표로 붙여 넣기'한다.

③ Test_육상경계.dwg, Test_육상경계.dxf파일로 저장한다(<그림 1.19>).

④ 확인을 위해 서퍼의 Map/New/Base map에서 Test_육상경계.dxf를 선택하여 그림으로 확인한다(<그림 1.20>).

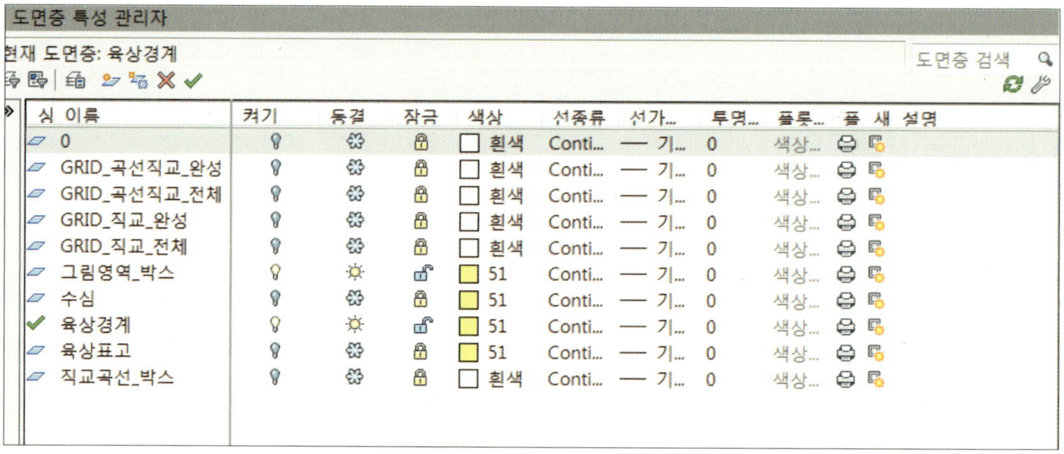

〈그림 1.19〉 오토캐드 육상경계 레이어 dxf 파일로 저장

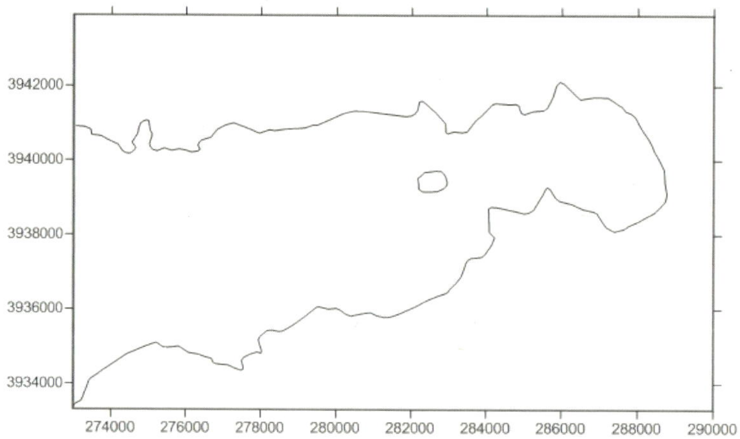

〈그림 1.20〉 서퍼에서 육상경계 레이어 dxf 파일 확인

나. 블랭크파일작성

격자구성 시 육상경계 내 마른격자를 처리하는 과정과 모의결과를 그림으로 작성하는 과정에서 필요한 블랭크파일을 아래 과정을 거쳐 작성한다. 먼저 오토캐드 도면 dxf 파일에서 포트란 프로그램을 이용하여 육상경계 라인의 좌표(x, y, z)를 추출한다. 다음 단계에서는 포트란 프로그램을 이용하여 육상 혹은 섬의 경계 라인의 시점과 종점을 연결하는 복수의 폐곡선 정보를 서퍼(s/w)에서 사용되는 포맷으로 작성한다. 예제 파일과 프로그램은 부록에 제시되어 있다.

가) dxf to xyz file

예제로 부록에 제시된 Test_육상경계.dxf 오토캐드 파일에서 육상경계 라인을 구성하는 Test_land_xyz.dat (좌표 x, y, z를 지시하는 3열 자료로 구성)를 추출한다.

① 컨트롤 파일인 dxf2xyz.ctl에서 lower left (x, y)좌표와 입출력 파일의 이름을 입력한다.
② 포트란 프로그램 dxf2xyz.for을 포트란 컴파일러를 이용하여 실행 화일 dxf2xyz.exe을 생성하여 실행하면, 도면파일 Test_육상경계.dxf와 콘트롤 파일 dxf2xyz.ctl을 읽어 들인 후, 사용자가 설정한 출력파일 Test_land_xyz.dat을 출력한다.

dxf2xyz.ctl

```
X0                  :   273000.      ! 계산 영역의 lower left x 좌표
Y0                  :  3933300.      ! 계산 영역의 lower left y 좌표
INPUT FILE NAME     : Test_육상경계.dxf
OUTPUT FILE NAME    : Test_land_xyz.dat
```

나) xyz to blank file

예제로 부록에 제시된 Test_land_xyz.dat에서 Test_land.bln 파일을 출력한다.

① xyz2bln.ctl에서 입출력 파일의 이름을 입력한다.
② 포트란 프로그램 xyz2bln.for을 포트란 컴파일러를 이용하여 실행 화일 xyz2bln.exe을 생성하여 실행하면, 좌표자료 Test_land_xyz.dat와 콘트롤 파일 dxf2bln.ctl을 읽어 들인 후, 사용자가 설정한 블랭크파일 Test_land.bln을 출력한다.
③ blank file의 구조는 폐곡선의 수만큼 동일한 구조의 정보가 되풀이된다. 첫 줄은 좌표수와 블랭킹 옵션으로 구성된다. 좌표수는 시점에서 종점까지의 좌표의 총 수이며 이때 시점은 종점과 동일하여야 하며, 동일 폐곡선의 z값은 동일하다. 폐경개 옵션은 1과 0이며 각기 내측과 외측을 블랭킹하는 것을 지시한다.

Test_land.bln

289 , 1			좌표수, 블랭킹옵션
273005.2	3933377.5	-6.00	x, y, z 좌표, z 값 일정
290000.0	3933300.0	-6.00	
	.		
	.		
	.		
273039.8	3933433.8	-6.00	
273005.2	3933377.5	-6.00	첫 번째와 마지막 좌표 일치해야함
18 , 1			
282921.5	3939552.8	-6.10	
282868.3	3939641.2	-6.10	
	.		
	.		
	.		
282930.4	3939490.5	-6.10	
282921.5	3939552.8	-6.10	

1.1.5 수심추출 및 보간

오토캐드 도면 dxf 파일에서 포트란 프로그램을 이용하여 계산영역의 수심좌표(x, y, z)를 추출한다. 다음 단계에서는 서퍼(s/w)를 이용하여 수심파일을 출력한다. 예제 파일과 프로그램은 부록에 제시되어 있다.

가. 수심좌표추출

오토캐드 도면 dxf 파일에서 포트란 프로그램을 이용하여 계산영역의 수심좌표(x, y, z)를 추출하며 육상경계 라인 자료를 추출하는 방법과 동일하다.

① 콘트롤파일 dxf2xyz.ctl에서 lower left (x, y)좌표와 입출력 파일의 이름을 입력한다.
② dxf2xyz.exe을 실행하면, 도면파일 Test_수심.dxf와 콘트롤 파일 dxf2xyz.ctl을 읽어 들인 후, 사용자가 설정한 출력파일 Test_depth_xyz.dat을 출력한다.

나. 수심보간

서퍼(s/w)에서 아래 그림과 같이 Test_depth_xyz.dat를 읽어 들인 후 일정간격으로 수심을 보간하고 격자파일(.grd)을 출력한다(<그림 1.21>). 이때, 보간 간격은 수 m에서 수백 m에 이르기까지 연구목적에 따라 판단하여 설정한다. 한 가지 주의할 사항은 이때의 보간은 앞으로 작성해야 할 계산영역 격자의 대표 수심을 결정하기 위한 기초 자료를 제공하는 과정이라는 것이다. 본 연구에서 격자의 대표 수심은 격자 중앙에서의 수심을 말하고 수심값은 격자 내에 위치한 일정한 간격의 모든 수심자료를 평균한 값으로 설정하기로 하였다. 예를 들어 가로, 세로 10m 간격으로 보간한 수심자료를 이용하여 실제 모형에서 100m 간격 격자의 대표수심을 구하기 위해서는 격자 내 100개 정점에서의 모든 값을 평균한 값으로 산정한다. 곡선-직교 좌표계에서 사각형 격자는 반드시 정사각형일 필요가 없기 때문에 만일 격자가 마름모 꼴일 경우 편의상 마름모의 x, y방향에서의 최소, 최대값을 네 모서리로 하는 사각형의 범위에 포함된 모든 수심자료를 평균한 값으로 정의하기로 한다.

- Grid/Data/

  Output Grid Fild : TEST_depth_xzy.grd — 폴더/출력파일

  X - Min, Max, Spacing — x 방향 최소, 최대, 보간 간격

  Y - Min, Max, Spacing — y 방향 최소, 최대, 보간 간격

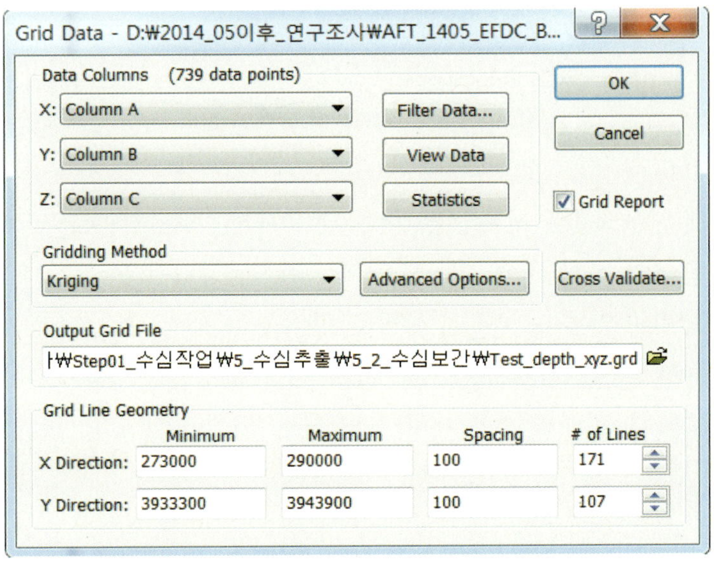

〈그림 1.21〉 서퍼(s/w) 수심보간 윈도우창(Grid Data)

다. 보간확인

보간된 수심(TEST_depth_xzy.grd) 파일을 이용하여 아래 과정을 거쳐 수심도를 작성한 후, 캐드도면과 비교하여 수심자료가 제대로 보간 되었는지 확인한다. 우선 서퍼의 상단 메뉴에서 grd 파일을 선택하면 아래의 흑백 도면이 화면에 나타난다(<그림 1.22>).

Map/New/Contour Map/

Open Grid : TEST_depth_xzy.GRD [Enter↵]

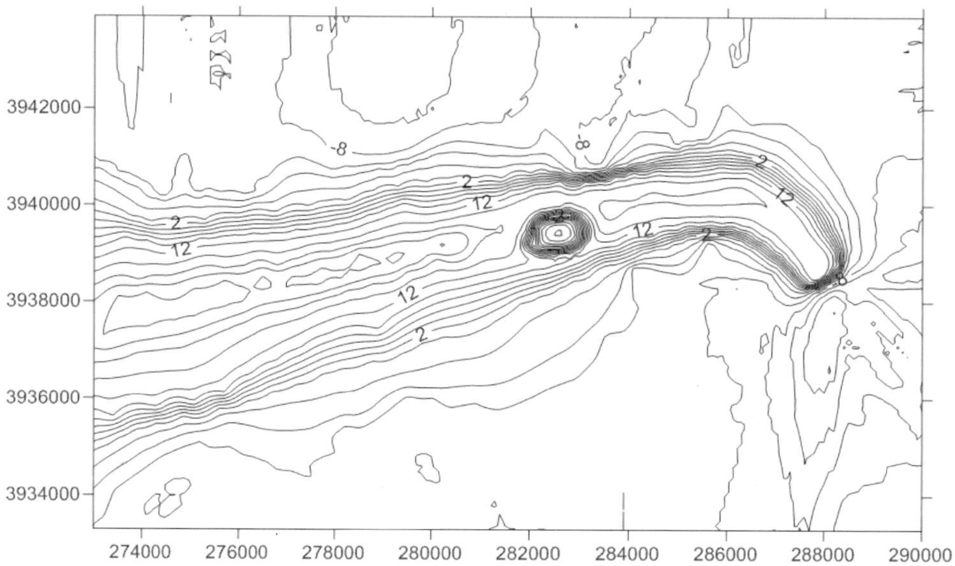

〈그림 1.22〉 서퍼(s/w) 흑백 수심도

위 그림 영역에 마우스를 위치시킨 후 더블 클릭하면 윈도우창 (Map Contour properties)이 나타나고 이를 이용하여 컬러 수심도를 작성한다(<그림 1.23>). 이때 윈도우창 상단 "Levels"을 선택한 후(<그림 1.24>), 수심별로 컬러를 지정하고 "Apply"를 클릭하면 컬러 수심도면이 만들어진다(<그림 1.25>).

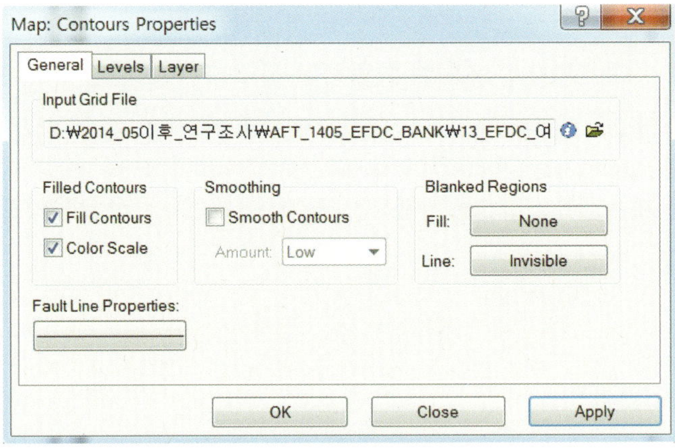

〈그림 1.23〉 서퍼(s/w)의 윈도우창 (Map Contour properties)

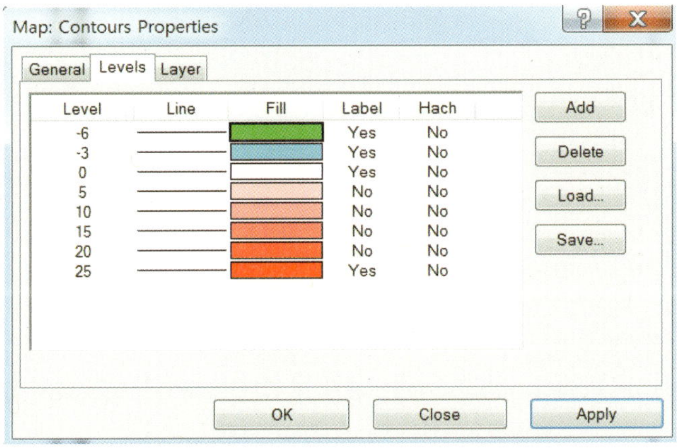

〈그림 1.24〉 서퍼(s/w)의 윈도우창 (Levels)

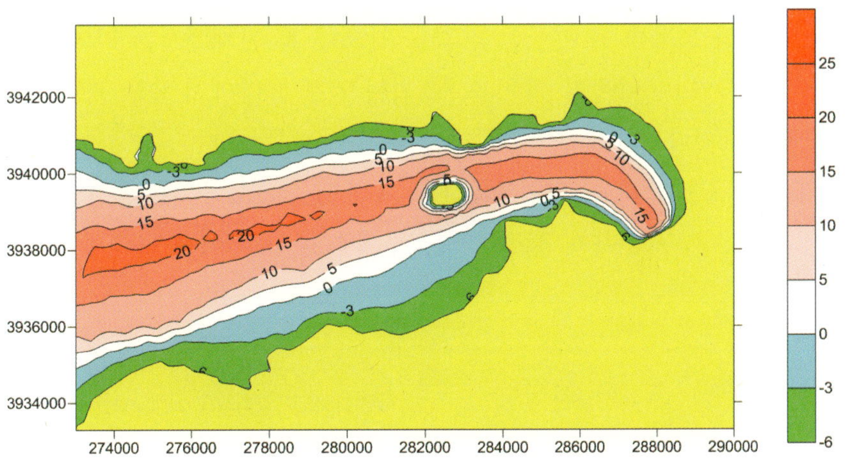

〈그림 1.25〉 서퍼(s/w) 컬러 수심 분포도

한편, 아래 단계를 따라 앞서 작성한 블랭크 파일을 불러 컬러 수심도면에 겹친 후 캐드도면과 비교하여 이상 구간이 있으면 "1.3.6 수심수정" 단계로 되돌아가서 다시 작성한다. 특히 섬과 육상경계 주변에서 수심이 적절히 재현되었는지 확인한다.

Map/Add/Base Layer/
Import : TEST_land.bln [Enter↵]

라. 수심파일출력

서퍼에서 보간 작성된 수심자료를 grd 형식에서 좌표(x, y, z) 형식으로 출력한다. 이때 블랭킹 된 격자의 수심은 디폴트 값을 갖게 된다.

Grid/Blank/
Open Grid : Test_depth_xyz.GRD – 수심보간격자 grd 파일,
열기 : Test_land.bln – 블랭크파일,
Save Grid As/파일형식 (DAT XYZ(*.dat)) – x, y, z 형식출력,
⇒ 파일이름 Test_depbln_xyz.dat – 수심보간+블랭크격자,
블랭크격자 고유값 1.70141E+038 갖음

한편, 블랭킹 격자의 디폴트 값은 다음 단계에서 사용하기 편리한 형태로 수정하여 최종 출력한다.

① 콘트롤파일 surfer2dep.ctl에서 해안선표고 AHHW와 입출력 파일의 이름을 입력한다. DL 0m 아래의 조하대 표고는 음의 값을 갖으나 본 단계에서는 편의상 양의 값으로 표시하기로 하였고, 아울러 약최고고조위는 <표 1.4>에서 DL+6.9m 이나 –6.9m 값으로 입력하였다.

② surfer2dep.exe을 실행하면, 도면파일 Test_depbln_xyz.dat와 콘트롤 파일 surfer2dep.ctl을 읽어 들인 후, 사용자가 설정한 출력파일 Test_dep.dat를 출력한다.

surfer2dep.ctl

```
z0                  :        -6.9              ! 해안선 표고(약최고고조면, AHHW)
INPUT FILE NAME     : Test_depbln_xyz.dat
OUTPUT FILE NAME    : Test_depth.dat
```

1.2 격자

수치모델에서는 계산영역을 마치 바둑판과 같이 일정한 간격의 격자로 구성하고 격자의 일정한 위치에서 지배방정식에서 다루는 항목을 계산하게 된다. EFDC 모델은 수평방향으로 직교－곡선 좌표계와 연직방향에서는 시그마좌표계를 갖는다. 실제 물리적 영역에서 수평방향의 공간구성은 구불구불한 지형을 따라 구부러진 곡선형태를 보이나 계산시에는 반듯하고 일정한 거리를 갖는 직교형태를 갖게 된다. 연직방향에서 공간구성은 다음장에서 다루기로 한다.

본 장에서는 수평방향에서 격자를 생성하는 프로그램을 소개하고, 이를 이용하여 격자를 만드는 과정을 학습하고 최종적으로는 모형에서 요구하는 형태로 격자정보를 만들어내는 과정까지 다루기로 한다.

격자생성 프로그램에서 작성한 격자정보를 EFDC에서 요구하는 형태로 변환하기 위해서는 다음의 세 가지 과정을 거치게 된다. 첫째, GRID95의 .fem 자료를 EFDC 입력파일 구조(i, j, x, y)로 변환한다. 둘째, 육지와 바다를 구분하여 계산이 필요치 않은 육지는 dry cell 그리고 계산이 이루어지는 바다는 wet cell로 설정한다. 셋째, 최종적으로 EFDC 입력파일로서 격자의 구조와 정체에 대한 정보를 담은 cell.inp와 celllt.inp파일을 작성한다.

1.2.1 격자생성 프로그램

격자생성 소프트웨어에는 많은 종류가 있고, 여기에는 GRID95 (GENGRID V1.1), Delft RGFGrid, SEAGRID, SMS, GEFDC 등이 있다. 이들 가운데 사용자의 편의를 위해 일반에게 공개된 GRID95을 이용하여 격자생성 과정을 제시하기로 한다. 참고로 GRID95의 작성자는 영남대학교 기계공학과이나 홈페이지에서는 더 이상 프로그램을 제공하지 않는다. GRID95는 삼각형과 사각형 형태의 격자를 비교적 쉬운 과정을 통해 생성할 수 있으나 수심보간은 불가하고 오류시 쉽게 다운되기 때문에 작업시 빈번하게 저장하려는 주위가 필요하다. 출력파일에는 격자 노드와 마디의 순서와 X, Y 좌표 정보를 제공하는 .FEM 파일과 격자로 구성된 박스에 대한 정보를 제공하는 .PRE 파일을 포함한다.

1.2.2 격자설계

격자를 구성하는 단계는 크게 두 단계로 구성되는데, 첫째, 계산영역을 설정한다. 계산영역은 한 개 이상의 박스로 분할할 수 있다(<그림 1.26>). 예를 들어, 하구와 같이 좁은 일차원 수로와 넓은 바다가 공존하는 지형의 경우 좁은 지역과 넓은 지역을 박스로 분리하여 처리하는 것이 편리할 수 있다. 본 장에서는 과 같이 편의상 계산영역을 1개의 박스로 정의하였다. 둘째, 박스 내에서 격자를 설정한다. 격자의 크기는 관심구역이나 유속이 강한 수로구역은 작게 하고 그 외 구역은 크게 하여 유동재현의 정밀도를 높이고 계산비용을 감소할 수 있다. 격자의 모양은 직교성과 변장비(격자의 가로와 세로의 비율)를 고려하여 설정한다.

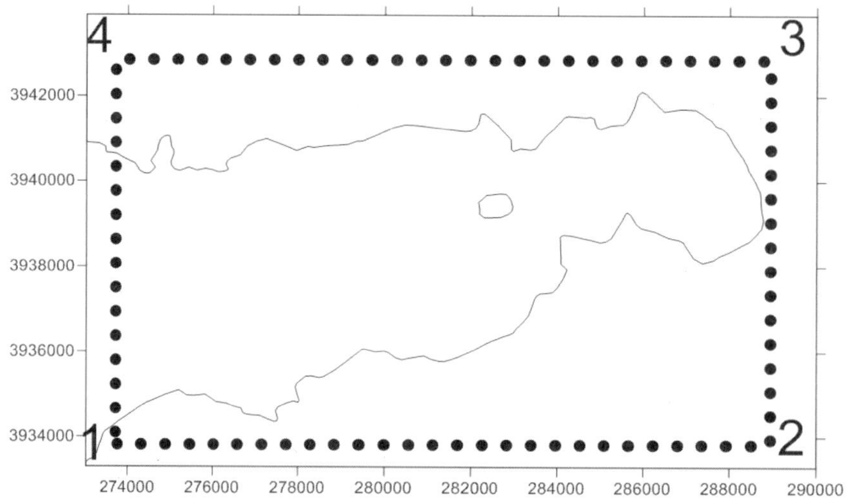

〈그림 1.26〉 계산영역 박스분할

1.2.3 GRID95

GRID95에서 격자는 Geometry 작성과 Boundary 작성 그리고 최종적으로 Block 작성을 거쳐 만들어진다(<그림 1.27>).

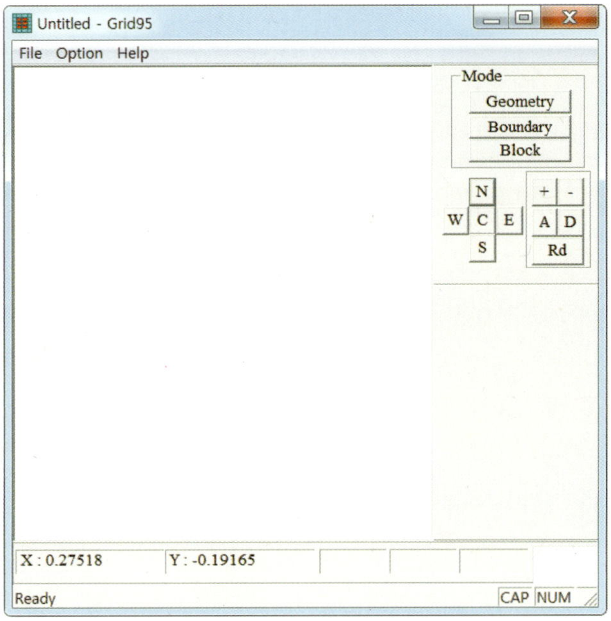

〈그림 1.27〉 GRID95(s/w) 시작화면

가. Geometry 작성

Geometry에서는 박스를 작성한다. 여기서 박스는 반드시 직교일 필요는 없고 다만 네 개의 모서리와 선으로 구성되면 된다. 박스를 만드는 과정은 먼저 네 모서리를 설정하고 네 모서리를 선으로 연결한다. 이때, 몇 가지 기능을 사용할 수 있는데, 본 장에서는 모서리 좌표(<표 1.5>)를 직접 입력하는 'Line' 기능을 사용하기로 한다. 입력순서는 <그림 1.28>과 같이 좌측아래 지점에서 반시계방향으로 향하고 종점은 반드시 시점과 일치시키도록 1, 2, 3, 4, 1의 순서로 입력한다. 이를 .pre 파일로 저장한 다음, 저장된 파일을 불러 작업을 진행한다. 한편, 프로그램이 제공하는 'Arc', 'B-spline', 'Data' 등의 기능은 박스를 만드는 도구이며 이에 대해서는 프로그램이 제공하는 매뉴얼을 참고하기 바란다.

〈표 1.5〉 계산영역 박스 4 모서리 좌표

모서리 번호	x	y
1	274,300	3,933,500
2	289,000	3,933,500
3	289,000	3,942,700
4	274,300	3,942,700

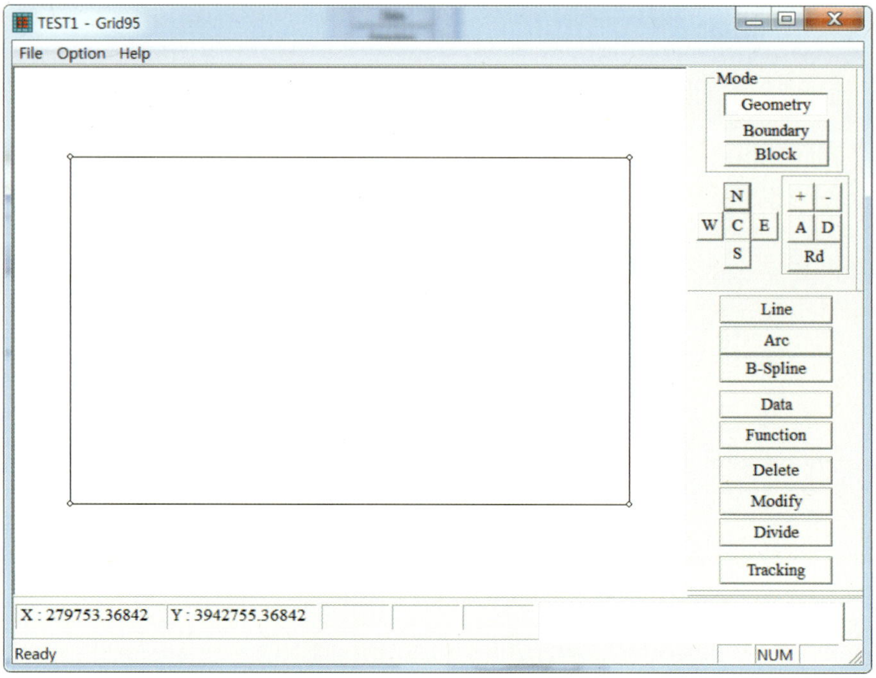

〈그림 1.28〉 Geometry 작업 화면

① Mode/Geometry/Line : 좌표를 직접 입력, 정점 순서 1 ⇒ 2 ⇒ 3 ⇒ 4 ⇒ 1

② File/Save As/TEST1.pre : 저장

③ Open/TEST1.pre : 저장된 파일 불러 작업진행

나. Boundary 작성

Boundary에서는 박스의 동서남북 방향 4 경계의 격자를 설정한다. <그림 1.29>에서 경계에 마우스를 위치시킨 후 클릭하면 Boundary Stretching Function 이라는 팝업창 (<그림 1.30>)이 뜨고 여기서 세부 사항을 입력한다. 자세한 과정은 '가. 남측경계설정'과 같고 4 방향 모두 같은 방법을 이용하여 설정한다.

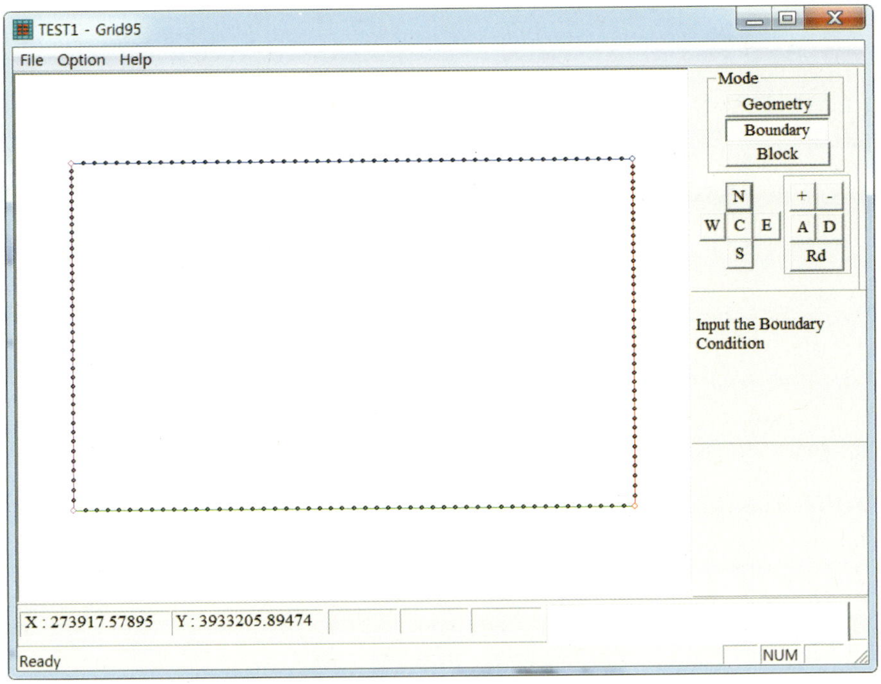

〈그림 1.29〉 Boundary 작업 화면

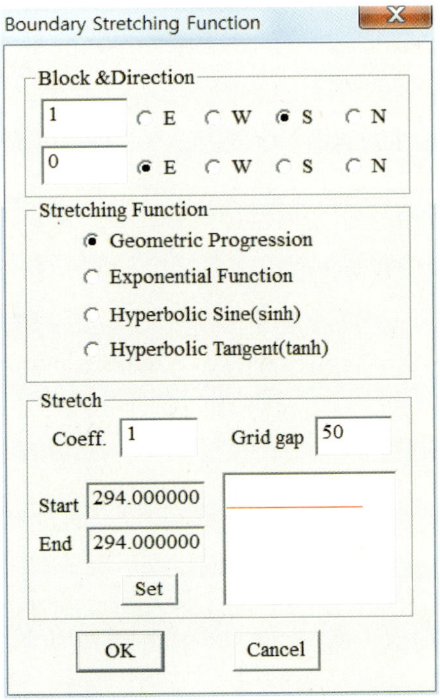

〈그림 1.30〉 Boundary 작업 화면

가) 남측경계설정

① Mode/Boundary 화면상의 박스 남측 경계선에 커서를 위치시키고 마우스를 클릭하면 Boundary Stretching Function 팝업창 (<그림 1.31>)이 뜬다.

② Boundary Stretching Function 팝업창의 Block & Direction에 두 개의 입력난이 있는데 첫째는 선택한 박스의 번호이다. 본 장에서는 한 개의 박스만을 설정한 관계로 1이라 하였고 남측을 지시하는 S를 선택하였다. 둘째는 선택한 박스의 바깥 경계를 지시하며 동서남북 모든 방향에서 바깥 경계는 0으로 입력할 수 있다.

1ST LINE – 1 [Enter↵] S(남측) 선택
2ND LINE – 0 [Enter↵] E,W,N,S 선택 무시

③ Stretching Function은 격자를 분할하는 수학적 방법을 선택할 수 있도록 하였다.

Geometric Progression : 등분할
Exponential Function : [Enter↵] 한쪽 방향으로 분할 폭 감소 혹은 증가
Hyperbolic Sine(sinh) : 쌍곡사인함수 이용 분할
Hyperbolic Tangent(tanh) : 쌍곡탄젠트함수 이용 분할

④ Stretch에서는 분할계수와 격자수를 입력할 수 있다. 분할계수를 조정하여 격자밀도를 조절할 수 있다.

Coef 분할계수 : -1 [Enter↵]
Grid Gap : 50 [Enter↵] 격자수 입력

나) 북측경계설정

① Mode/Boundary : 북측 경계선에 커서를 위치시키고 마우스를 클릭하면 Stretching Function 팝업창(<그림 1.31>)이 뜬다.

② Block & Direction

1ST LINE – 1 [Enter↵] N(북측) 선택
2ND LINE – 0 [Enter↵] E,W,N,S 선택 무시

③ Stretching Function

Exponential Function : [Enter↵] 한쪽 방향으로 분할 폭 감소 혹은 증가

④ Stretch

Coef 분할계수 : 1 [Enter↵]

Grid Gap : 50 [Enter↵] 격자수 입력

다) 서측경계설정

① Mode/Boundary : 서측 경계선에 커서를 위치시키고 마우스를 클릭하면 Stretching Function 팝업창(<그림 1.31>)이 뜬다.

② Block & Direction

1ST LINE – 1 [Enter↵] W(서측) 선택

2ND LINE – 0 [Enter↵] E,W,N,S 선택 무시

③ Stretching Function

Exponential Function : [Enter↵] 한쪽 방향으로 분할 폭 감소 혹은 증가

④ Stretch

Coef 분할계수 : 0.3 [Enter↵]

Grid Gap : 40 [Enter↵] 격자수 입력

라) 동측경계설정

① Mode/Boundary : 동측 경계선에 커서를 위치시키고 마우스를 클릭하면 Stretching Function 팝업창(<그림 1.31>)이 뜬다.

② Block & Direction

1ST LINE – 1 [Enter↵] E(동측) 선택

2ND LINE – 0 [Enter↵] E,W,N,S 선택 무시

③ Stretching Function

Exponential Function : [Enter↵] 한쪽 방향으로 분할 폭 감소 혹은 증가

④ Stretch

Coef 분할계수 : -0.3 [Enter↵]

Grid Gap : 40 [Enter↵] 격자수 입력

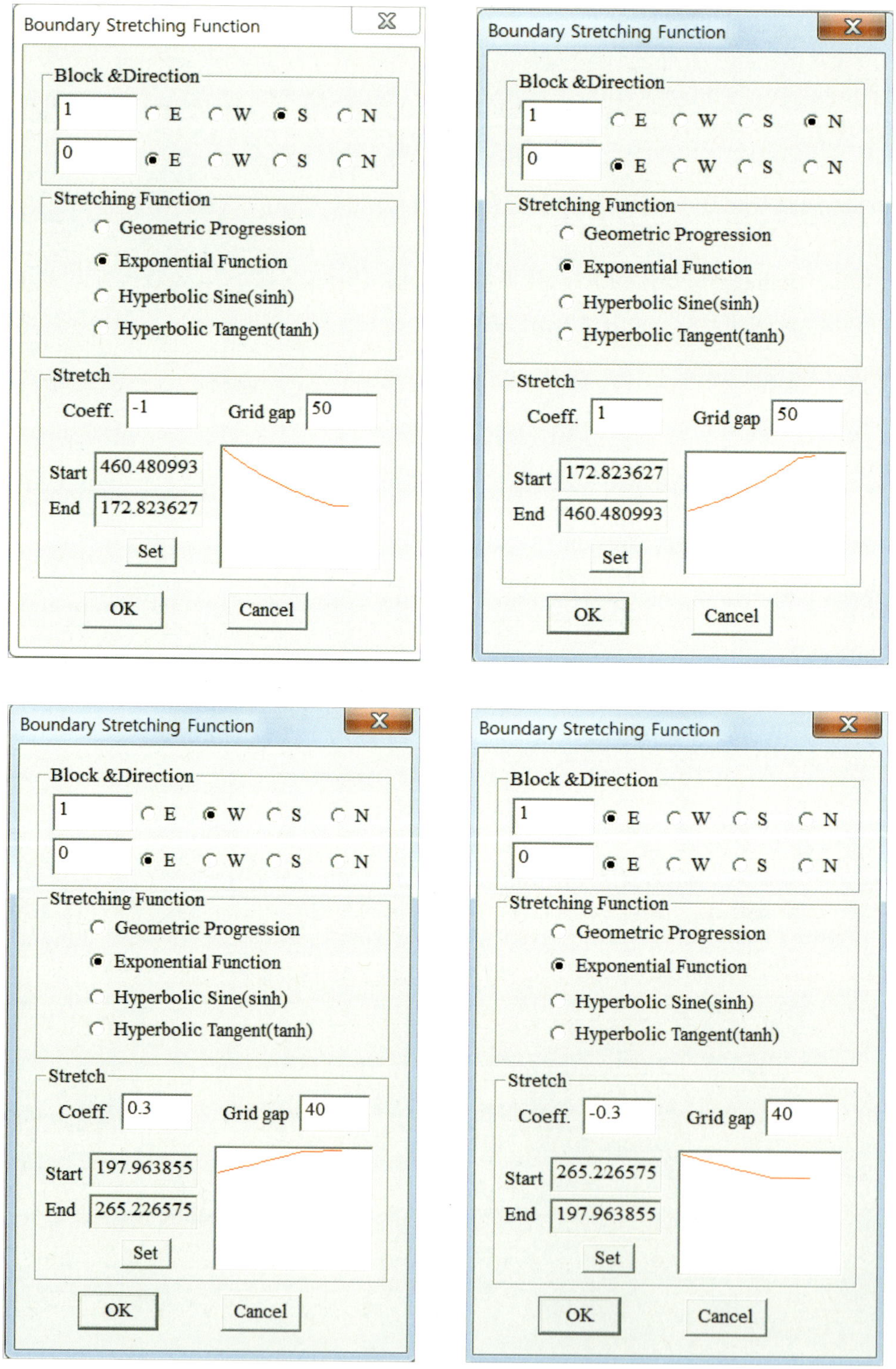

〈그림 1.31〉 박스의 동서남북 경계 조건 설정

다. Block 작성

Boundary 작업을 마치고 Block을 선택하면 격자 도면이 <그림 1.32>와 같이 나타난다. 최종적으로 결과물을 파일로 출력하기 위해서는 상단 메뉴에서 'File/Format in Fem/'을 선택하면, 'Save in FEM Format' 팝업창 (<그림 1.33>)이 뜨고 하단에 'OK' 버튼을 누르면 .fem 파일이 출력된다. 다만, 'Option'에서 'Show Node Number'를 선택하면 <그림 1.34>와 같이 노드 넘버가 나타나고 반면에 'Hide Node Number'를 선택하면 노드 넘버가 나타나지 않는다.

- File /Format in Fem /Option /Hide Node Number
  /Show Node Number
- TEST1.FEM 생성됨

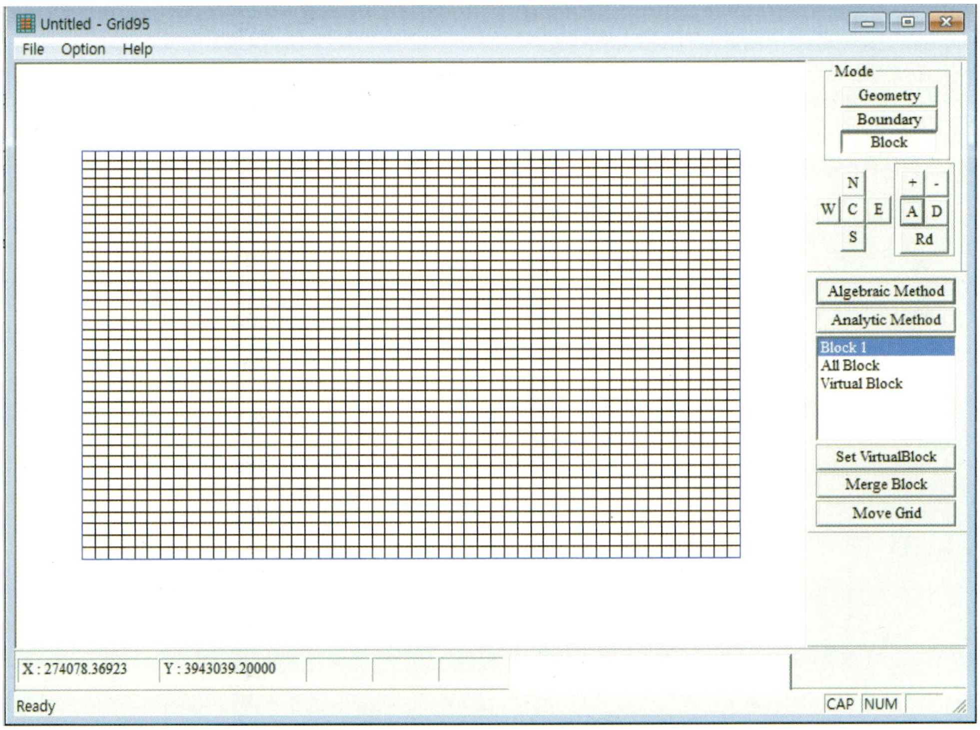

〈그림 1.32〉 BLOCK 격자구성

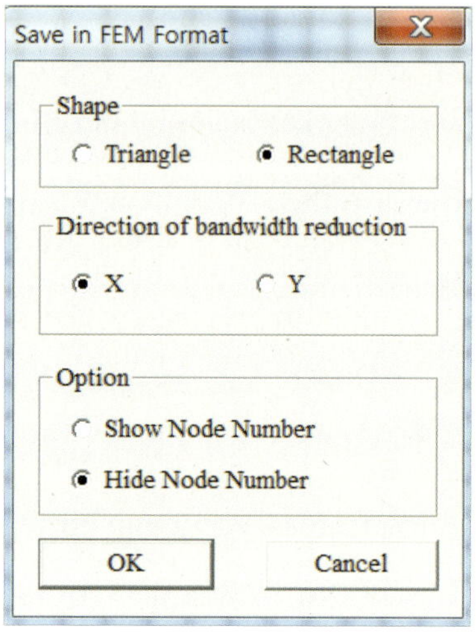

〈그림 1.33〉 FEM 작성

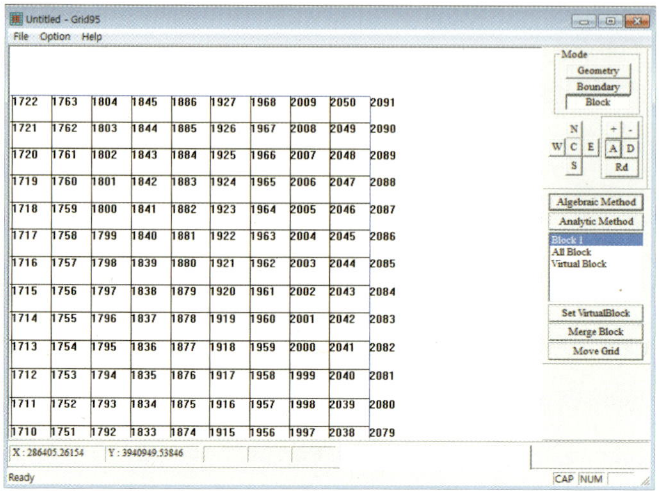

〈그림 1.34〉 격자구성(show node number)

1.2.4 격자추출

격자생성 프로그램에서 작성한 격자정보를 EFDC에서 요구하는 형태로 변환하기 위해서는 GRID95의 .fem 자료를 EFDC 입력파일 구조(i, j, x, y)로 변환한다. 이때 포트란 프로그램 GRIDWORK1.FOR을 이용하며, 콘트롤파일 GRIDWORK1.CTL과 TEST1.FEM을 읽어 들인 후, TEST1_GRID.DXF, TEST1_GRID.DAT 그리고 GRIDEXT.INP 파일을 출력한다.

〈표 1.6〉 격자추출 작업과정

작업내용	GRID95에서 생성된 모든 격자 추출	
작업S/W	GRIDWORK1.FOR	
입력파일	GRIDWORK1.CTL TEST1.FEM	컨트롤파일 출처 – 격자 노드와 마디의 순서와 좌표 정보
출력파일	TEST1_GRID.DXF TEST1_GRID.DAT GRIDEXT.INP	캐드도면 확인 사용 – '1.2.4 격자추출' 사용 – '1.2.5 격자속성', '1.2.6 CELL.INP', '1.3 격자정보파일'

가. 컨트롤파일

컨트로파일 GRIDWORK1.CTL에는 1개의 입력파일과 5개의 출력파일 이름을 입력하고 동서남북 방향 격자의 박스의 정보를 입력한다.

GRIDWORK1.CTL

```
INPUT  FILE  NAME       : Test1.FEM                  입력파일
OUTPUT  FILE  NAME1     : Test1.DAT                  출력파일 - 확인용, 무시
OUTPUT  FILE  NAME2     : Test1_GRID.DXF             출력파일 - 캐드도면
OUTPUT  FILE  NAME3     : Test1_GRID.DAT             출력파일 - 격자정보(캐드)
OUTPUT  FILE  NAME4     : GRID_RESET_TEST1.DAT       출력파일 - 확인용, 무시
OUTPUT  FILE  NAME5     : GRIDEXT.INP                출력파일 - 격자정보(I,J,X,Y)

C 동서방향 최대격자수, 남북방향 최대격자수, 마디의 총수
C      IMAX      JMAX      NONODE
        50        40        2091
C   IMAX+1,   JMAX+1,   마디의 수+1,   격자의 수
C    IMAXP1     JMAXP1     NONODEP1     NOELEM
        51        41        2092         2000
C 박스의 총수, 동서 방향 박스의 수, 남북 방향 박스의 수
C       NBL        IBN        JBN
         1          1          1
C N_NODE 박스 동서남북 격자의 수
        41        41        51        51    ! 1st box E,W,S,N
```

나. FEM 격자구조

Fem 파일은 격자와 박스에 대한 정보를 담고 있는데, node는 격자의 4개 마디 혹은 모서리를 지시하고 element는 격자 그리고 block은 박스를 지시한다. 한 개의 격자에는 4개의 마디가 정의된다. 한편, fem 파일에서 격자 기본구조는 <그림 1.35>와 같이 격자 마디는 I, J, K, L의 순서로 저장되며 박스 내에서 격자는 고유 순서는 서측의 남단에서 시작하는데 남에서 북측 방향으로 진행하면서 저장된 후, 동측으로 한 격자 씩 이동하여 다시 남에서 북으로 이동되는 순서를 되풀이한다.

TEST1.FEM

```
********************************************************
..NUM_NODE......NUM_ELEMENT..............................        마디와 격자수
********************************************************
 2091              2000
********************************************************
..NODE_ID...........X...................Y...............         마디번호, x,y 좌표
********************************************************
    1     274300.0000000000    3933500.0000000000                1번 마디의 x,y 좌표
    2     274300.0000000000    3933765.2265751269                2번 마디의 x,y 좌표
    3     274300.0000000000    3934028.4713918245                3번 마디의 x,y 좌표

********************************************************
..ELEM_ID......I......J......K......L.......                     격자번호, 4개 마디의 고유번호(I, J, K, L)
********************************************************
    1   1     42     43      2                                   1번 격자의 4개마디(1, 42, 43, 2) 고유번호
    2   2     43     44      3                                   2번 격자의 4개마디(2, 43, 44, 3) 고유번호
    3   3     44     45      4                                   3번 격자의 4개마디(3, 44, 45, 4) 고유번호


********************************************************
..BLOCK....DIRECTION......NUM_NODE......................         박스 넘버－1, 방향－동측, 마디 수－41개
********************************************************
    1          EAST          41
***********************
..NODE_ID.............                                           마디 41개의 고유번호 (2051, ...)
***********************
 2051
 2052
 2053
```

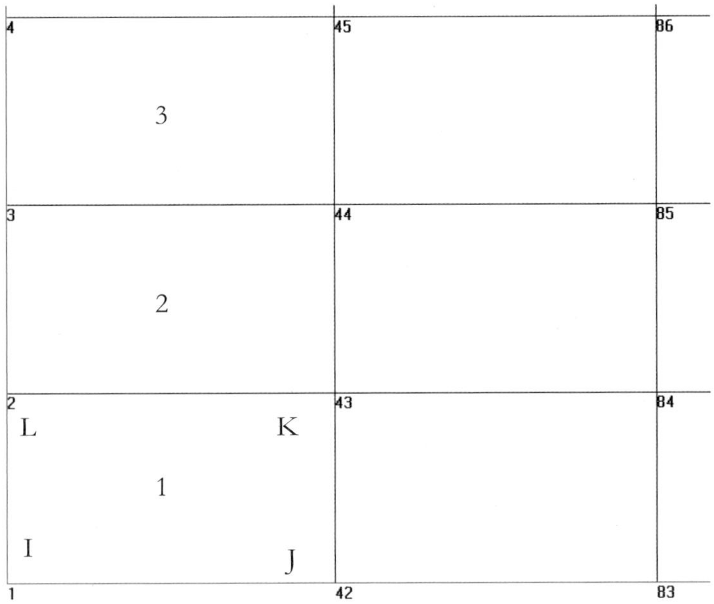

〈그림 1.35〉 FEM격자의 기본구조(마디node-I,J,K,L; 격자element-1,2,3)

1.2.5 격자속성

수심자료를 이용하여 격자의 속성(wet - 1, dry - 0)과 대표 수심을 결정한다. 이때 포트란 프로그램 GRIDWORK2.FOR을 이용하며, 콘트롤파일 GRIDWORK2.CTL에 입출력 파일의 이름과 격자수를 입력하며, '1.1.5 라. 수심파일출력'에서 생성된 수심자료인 TEST_DEPTH.DAT와 '1.2.4 격자추출'에서 생성된 격자정보가 담긴 GRIDEXT.INP 파일을 읽어 들인 후, CELL_EDITED.INP와 DEPDAT.INP 파일을 출력한다. CELL_EDITED.INP는 '1.2.6 CELL.INP'에서 사용되고, DEPDAT.INP는 '1.5 수심수정'에서 사용된다.

〈표 1.7〉 격자속성 처리과정

작업내용	수심자료 이용, 격자속성(dry, wet) 및 대표 수심결정	
작업S/W	GRIDWORK2.FOR	
입력파일	GRIDWORK2.CTL TEST_DEPTH.DAT GRIDEXT.INP	컨트롤파일 출처 – '1.1.5 라. 수심파일출력' 출처 – '1.2.4_격자추출'
출력파일	CELL_EDITED.INP DEPDAT.INP	사용 – '1.2.6 CELL.INP' 사용 – '1.5 수심수정'

가. GRIDWORK2.CTL

콘트롤파일 GRIDWORK2.CTL 에서는 2개의 입력파일과 3개의 출력파일 이름을 입력하고 동서와 남북 방향 격자의 수를 입력한다. 아울러 계산영역의 X, Y 방향 최소 좌표값을 입력하고 해안선 수심과 서퍼에서 보간된 격자의 크기를 입력한다. 이때 해안선수심은 '1.1.3 라. 해안선수정'에서 정의된 약최고고조면(AHHW)을 적용한다.

GRIDWORK2.CTL

```
IINPUT FILE NAME      : GRIDEXT.INP          ! 입력파일
INPUT FILE NAME       : TEST_DEPTH.DAT       ! 출력파일
OUTPUT FILE NAME      : GRID_Z_CHECK.DAT
OUTPUT FILE NAME      : CELL_EDITED.INP
OUTPUT FILE NAME      : DEPDAT.INP

C        IC        JC                 ! 동서방향 격자수, 남북방향 격자수
         50        40
C        X0        Y0       ZO     DX ! 계산영역 x,y 최소값 좌표, 해안선수심(AHHW), 수심보간거리
     274300.   3933500     -6.   100.
```

나. CELL_EDITED.INP

CELL_EDITED.INP 파일은 수심자료로부터 생성된 초벌의 격자구조로서 격자는 0 아니면 5 두 개의 값만을 가지며 각기 육지와 바다를 지시한다. 다음 단계에서 지도와 비교하여 반복 수정을 거쳐 CELL.INP로 작성된다.

CELL_EDITED.INP

```
40 00000000000000000000000000000000000000000000000000
39 00000000000000000000000000000000000000000000000000
38 00000000000000000000000000000000000000000000000000
37 00000000000000000000000000000000005550000000000000
36 00000000000000000000000000000000005555555500000000
35 00000000000000000000555000055550055555555550000000
34 00000000000000555555555000555555555555555555000000
33 05000000000005555555555505555555555555555555500000
32 05000555555555555555555505555555555555555555550000
31 05000555555555555555555555555555555555555555555000
30 05005555555555555555555555555555555555555555555000
29 05555555555555555555555555555555555555555555555500
28 05555555555555555555555555555555555555555555555500
27 05555555555555555555555555555555555555555555555550
26 05555555555555555555550555555555555555555555555550
25 05555555555555555555500555555555555555555555555550
24 05555555555555555555555555555555555555555555555550
23 05555555555555555555555555555555555555555555555550
22 05555555555555555555555555555555550005555555555550
21 05555555555555555555555555550055000000055555555500
20 05555555555555555555555555550000000000055555500000
19 05555555555555555555555555550000000000005550000000
18 05555555555555555555555555550000000000000000000000
17 05555555555555555555555555550000000000000000000000
16 05555555555555555555555555500000000000000000000000
15 05555555555555555555555555000000000000000000000000
14 05555555555555555555555550000000000000000000000000
13 05555555555555555555555550000000000000000000000000
12 05555555555555555555555000000000000000000000000000
11 05555555555555555555550000000000000000000000000000
10 05555555555555055555550000000000000000000000000000
 9 05555555555550000055000000000000000000000000000000
 8 05555555555000000000000000000000000000000000000000
 7 05555555000000000000000000000000000000000000000000
 6 05555555000000000000000000000000000000000000000000
 5 00055555000000000000000000000000000000000000000000
 4 00000055000000000000000000000000000000000000000000
 3 00000000000000000000000000000000000000000000000000
 2 00000000000000000000000000000000000000000000000000
 1 00000000000000000000000000000000000000000000000000
```

다. DEPDAT.INP

DEPDAT.INP 파일은 수심자료로부터 생성된 격자의 번호와 좌표 및 수심을 제공한다. I는 동서방향, J는 남북방향 격자번호로서 각기 서에서 동, 남에서 북으로 향하는 순서를 갖는다.

DEPDAT.INP

I	J	X	Y	Z
2	2	274760.0	3933765.0	-6.000
2	3	274760.0	3934028.0	-6.000
2	4	274760.0	3934290.0	-6.000

1.2.6 CELL.INP

초벌 격자파일 CELL_EDITED.INP를 도면과 비교하여 특히 해안선이 복잡한 지형에서 격자속성이 제대로 반영되었는지 확인하면서, CELL_EDITED.INP를 직접 반복 수정하는 과정을 거친 후, 최종적으로 CELL.INP파일을 생성한다. 이 과정은 포트란 프로그램 MAKE_CELLINP.FOR을 이용하며, 콘트롤파일 MAKE_CELLINP.CTL과 CELL_EDITED.INP, GRIDEXT.INP를 읽어 들인 후, CELL.INP, CELLLT.INP 그리고 GRID.DXF 파일을 출력한다.

〈표 1.8〉 CELL.INP 파일 처리과정

작업내용	초벌 격자자료와 도면 비교, 반복 수정 거쳐 CELL(LT).INP 파일작성	
작업S/W	MAKE_CELLINP.FOR	
입력파일	MAKE_CELLINP.CTL CELL_EDITED.INP GRIDEXT.INP	컨트롤파일 출처 – '1.2.5 격자속성' 출처 – '1.2.4 격자추출'
출력파일	CELL.INP CELLLT.INP grid.dxf	사용 – GEFDC 및 EFDC 실행 사용 – GEFDC 및 EFDC 실행 사용 – 격자체계 구성 확인

가. MAKE_CELLINP.CTL

콘트롤파일 MAKE_CELLINP.CTL에서는 2개의 입력파일과 3개의 출력파일 이름을 입력하고 동서와 남북 방향 최대격자 수를 입력한다.

```
MAKE_CELLINP.CTL

INPUT FILE NAME1     : CELL_EDITED.INP
INPUT FILE NAME2     : GRIDEXT.INP
OUTPUT FILE NAME1    : CELL.INP
OUTPUT FILE NAME2    : CELLLT.INP
OUTPUT FILE NAME3    : GRID.DXF

C 동서방향 최대격자수, 남북방향 최대격자수
C      IMAX      JMAX
        50        40
```

나. CELL.INP

CELL.INP 파일은 CELL_EDITED.INP와는 달리 0, 5이외에 1, 2, 3, 4, 9의 번호를 갖는다. 이때, 0 – 육지, 5 – 바다, 9 – 육지와 바다의 경계이면서 육지에 속한 격자로 설정한다. 특히 육지와 바다가 반반 혼재된 경우 동서남북 방면 육지의 위치에 따라 격자속성을 1에서 4에 할당하며 수질모의시 6에서 8의 속성을 이용한다(<표 1.9>, <그림 1.36>). 한편, CELLLT.INP는 장기 모의시 사용한 옵션이었으나 더 이상 사용하지 않고 수질모의시 WASP 모델 관련 옵션으로 이용할 수 있다. 그러나 해수유동 모형 구동시 강제로 읽어 들이는 파일인 만큼, CELL.INP 파일과 동일하게 작성하여 사용하기로 한다.

C CELL.INP

```
C     0         1         2         3         4         5
C     12345678901234567890123456789012345678901234567890123456
C
 40   00000000000000000000000000000000000000000000000000
 39   00000000000000000000000000000000000000000000000000
 38   00000000000000000000000000000000000000000000000000
 37   00000000000000000000000000000000099990000000000000
 36   00000000000000000000000000000000945599999900000000
 35   00000000000000000000000000999990945555555999000000
 34   00000000000009999999999900955519955555555559900000
 33   00000000000099555595555909455555555555555555990000
 32   00000999999995555555555994555555555555555555590000
 31   00009955955555555555555599555555555555555555599000
 30   00009555555555555555555555555555555555555555559900
 29   99999555555555555555555555555555555555555555555990
 28   95555555555555555555555555555555555555555555555590
 27   95555555555555555555555555555555555555555555555590
 26   95555555555555555555599555555555555555555555555590
 25   95555555555555555555599555555555555555555555555590
 24   95555555555555555555599555555555955555555555555590
 23   95555555555555555555555555555555999555555555555590
 22   95555555555555555555555555555555909995555555555590
 21   95555555555555555555555555559999990009999555555990
 20   95555555555555555555555555590000000000099555999000
 19   95555555555555555555555555590000000000009999900000
 18   95555555555555555555555555590000000000000000000000
 17   95555555555555555555555555590000000000000000000000
 16   95555555555555555555555559990000000000000000000000
 15   95555555555555555555555559000000000000000000000000
 14   95555555555555555555555559000000000000000000000000
 13   95555555555555555555555599000000000000000000000000
 12   95555555555555555555555990000000000000000000000000
 11   95555555555555555555599900000000000000000000000000
 10   95555555555559995555599000000000000000000000000000
  9   95555555559909999999900000000000000000000000000000
  8   95555555599900000000000000000000000000000000000000
  7   95555555990000000000000000000000000000000000000000
  6   99995559000000000000000000000000000000000000000000
  5   00993520000000000000000000000000000000000000000000
  4   00000999000000000000000000000000000000000000000000
  3   00000000000000000000000000000000000000000000000000
  2   00000000000000000000000000000000000000000000000000
  1   00000000000000000000000000000000000000000000000000
```

〈표 1.9〉 격자속성 정의

격자속성 번호	내 용
0	dry
1	북동 – dry, 남서 – wet
2	남동 – dry, 북서 – wet
3	북동 – wet, 남서 – dry
4	남동 – wet, 북서 – dry
5	wet
9	육상경계 (dry)
6 – 8	수질모의시 사용

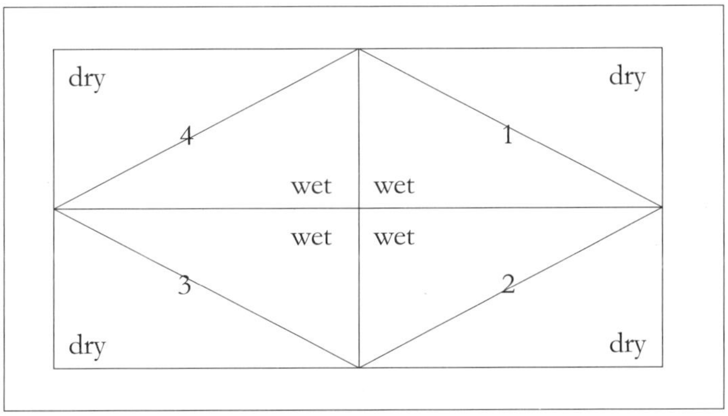

〈그림 1.36〉 격자속성 정의

다. GRID.DXF

GRID.DXF는 오토캐드 파일로서 격자로 구성된 도면이며 해역의 원 도면 TEST_육상경계.DXF에 올려 놓고 격자가 제대로 구성되었는지 확인할 수 있다(<그림 1.37>, <그림 1.38>). 격가체계 수정 전 격자구조는 완벽하지 않은데 특히 해안선과 조간대 부근에서 오류가 발생하는 것을 볼 수 있다. 이는 수심과 격자처리 과정에서 충분히 주의를 기울여도 흔히 발생할 수 있는데, 주로 원래의 수심자료가 부족하거나 서퍼에서 수심을 보간하는 과정에서 발생하는 수학적 오류일 경우가 많아 주의가 필요하다.

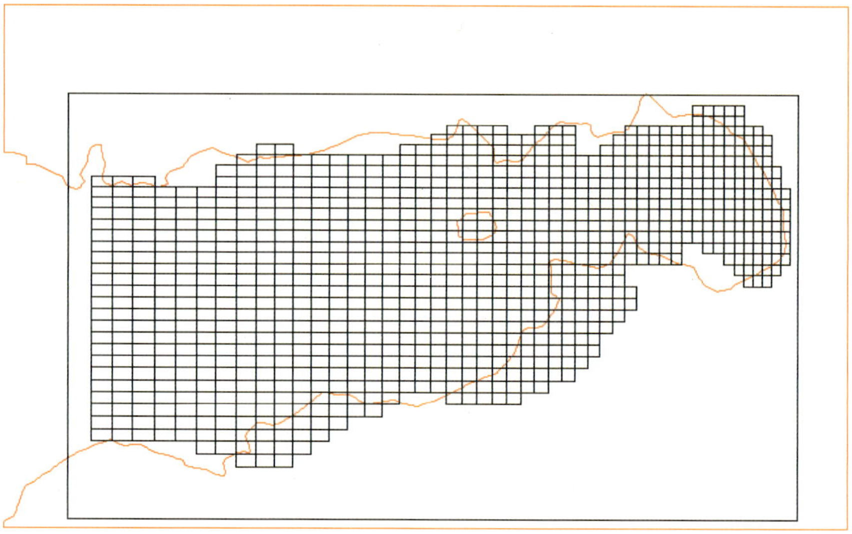

〈그림 1.37〉 격자체계 수정전

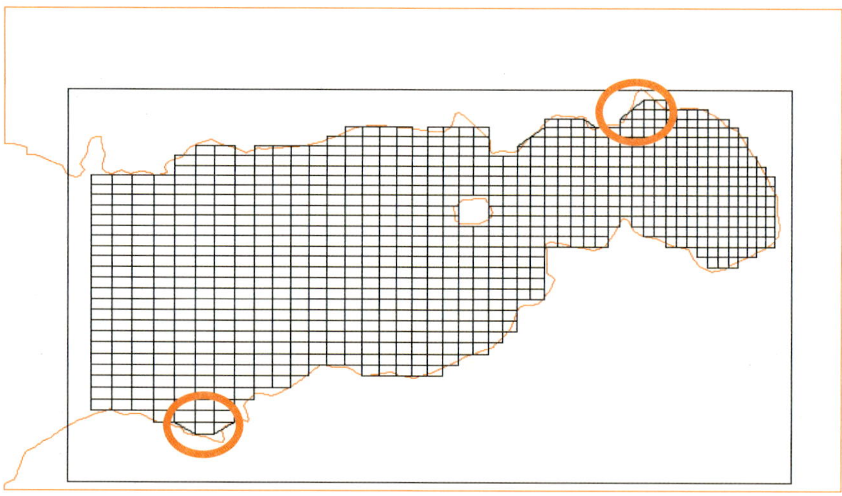

〈그림 1.38〉 격자체계 수정후

1.3 격자정보파일

DXDY.INP와 LXLY.INP는 모델 구동에 필요한 필수 파일로서 격자 크기, 좌표 및 수심에 대한 정보를 제공한다. 파일을 작성하는 과정은 EFDC 모델 작성자가 제공한 GEFDC.F 포트란 파일이며 컨트롤 파일 GEFDC.INP, CELL.INP, CELLLT.INP, GRIDEXT.INP 4개 파일을 읽어 들인 후, LXLY.OUT, DXDY.OUT, GRID.DXF 3개의 파일을 출력한다.

〈표 1.10〉 격자정보 파일 처리과정

작업내용	GEFDC.F 이용 LXLY.OUT, DXDY.OUT, GRID.DXF 파일 생성	
작업S/W	GEFDC.F (JOHN M. HAMRICK, 1994)	
입력파일	GEFDC.INP	컨트롤파일
	CELL(LT).INP	출처 – '1.2.6 CELL.INP'
	GRIDEXT.INP	출처 – '1.2.4 격자추출'
출력파일	LXLY.OUT	사용 – LXLY.INP로 저장하여 EFDC 실행
	DXDY.OUT	사용 – '1.5 수심수정' DXDY.INP로 수정하여 EFDC실행
	GRID.DXF	사용 – 격자구성 확인

1.3.1 GEFDC.INP

컨트롤 파일 GEFDC.CTL 에서는 DXDY와 LXLY.OUT 파일을 작성하는 여러 가지 옵션이 있으나 본 연구에서는 편의상 아래 밑줄 친 부분만 수정하여 실행하도록 한다. 카드 넘버 C2와 C3에서 IMAX, JMAX, IC, JC, IGM, JCM 6개를 아래와 같이 수정한다.

GEFDC.INP

```
C1  TITLE
C1  (LIMITED TO 80 CHARACTERS) 'TEST'
C2  INTEGER INPUT
C2  NTYPE  NBPP  IMIN  IMAX  JMIN  JMAX  IC  JC
    0      0     1     50    1     40    50  40
C3  GRAPHICS GRID INFORMATION
C3  ISGG  IGM  JGM  DXCG  DYCG  NWTGG
    0     50   40   1.    1.    1
```

1.3.2 DXDY.INP

DXDY.INP은 X, Y 방향 격자번호(I, J), 크기(DX, DY), 초기수심, 표고(DL 기준), 조도높이와 식생계수를 넣도록 되어있다. 본 연구에서는 편의상 초기수심과 표고를 다음 단계에서 다시 산정하도록 하였으며, 조도높이는 EFDC.INP에서 전체 계산영역의 값을 상수로 입력할 수 있기 때문에 무시하기로 하고 식생계수 또한 편의상 무시하기로 한다.

DXDY.INP before correction

```
C dxdy.inp file, in free format across columns
C
C  I   J        DX              DY             DEPTH       BOTTOM ELEV   ZROUGH      VEG TYPE
C
   2  20  0.451300E+03  .2300000E+03  0.00000E+00  0.00000E+00  0.00000E+00      0
   3  20  0.442500E+03  .2300000E+03  0.00000E+00  0.00000E+00  0.00000E+00      0
```

1.3.3 LXLY.INP

LXLY.INP는 X, Y 방향 격자번호(I, J), 격자 중앙의 좌표(XLNUTME, YLTUTMN) 그리고 회전행렬의 4개 성분과 TMPVAL 자료이다. TMPVAL은 계산영역이 매우 커서 격자에 따라 전향력계수를 달리 주어야 할 경우 사용자가 직접 입력하도록 되어있다.

LXLY.INP

```
C lxly.inp file, in free format across line
C
C  I   J   XLNUTME      YLTUTMN      CCUE    CCVE    CCUN    CCVN    TMPVAL
C
   6   5   276721.350   3934677.800  1.000   0.000   0.000   1.000   0.0
   7   5   277133.900   3934677.800  1.000   0.000   0.000   1.000   0.0
   8   5   277538.250   3934677.800  1.000   0.000   0.000   1.000   0.0
```

1.4 개방경계

모델의 개방경계에 입력될 자료는 크게 조석과 수질에 대한 정보이다. 이들은 컨트롤 파일 EFDC.INP의 아래 제시된 카드넘버에 따라 정해진 규칙에 따라 작성되어야 한다. 조석은 C14에서 C21 그리고 수질은 C47에서 C66까지 남, 서, 동, 북의 순서로 방향에 따라 정해진 내용이 되풀이 된다. 이들 자료는 모델 사용자가 에디터 파일을 이용하여 직접 입력하여야 한다. 그러나 개방경계의 격자가 많을 경우 아래 제시된 포트란 프로그램을 이용하여 내용을 생성하고 필요한 부분을 복사하여 EFDC.INP에 입력하는 방법을 따른다.

〈표 1.11〉 개방경계 입력자료의 내용과 EFDC.INP 설정

범위	카드넘버	내용
조석	C14	조석 조화성분의 수
	C15	조화성분 이름과 주기(sec)
	C16	유동 개방경계 격자수, 조석강제 함수의 수, 초기해수면
	C17	조석강제함수 번호, 조화성분 이름, 진폭(m), 지각(sec)
	C18-C21	남, 서, 동, 북측 개경계 I, J 좌표 및 조석조건
농도	C46	수질 개방격자 수
	C47	남측 농도경계 I, J 좌표 및 농도조건
	C48	남측 표층 4개항목, SAL TEM DYE SFL TOX
	C49	남측 표층 4개항목 SED1 SND1 SND2 SND3
	C50	남측 저층 4개항목 SAL TEM DYE SFL TOX
	C51	남측 저층 4개항목 SED1 SND1 SND2 SND3
	C52-C56	서측 농도경계조건 (C47-C51 동일형식)
	C57-C61	동측 농도경계조건 (C47-C51 동일형식)
	C62-C66	북측 농도경계조건 (C47-C51 동일형식)

개방경계 자료를 작성하기 위해서는 포트란 프로그램 Make_OBC.for을 이용하여 컨트롤 파일 Make_OBC.CTL과 LXLY.INP을 읽어 들인 후, EFDC_OBC.dat와 Har_Cons.dat을 출력한다.

〈표 1.12〉 개방경계 자료 처리과정

작업내용	−Make_OBC.for 이용 EFDC.INP 형식에 맞도록 개방경계 정보출력	
작업S/W	Make_OBC.for	
입력파일	Make_OBC.CTL LXLY.INP	컨트롤파일, 개방경계 정보 출처 − '1.3 격자정보파일'
출력파일	EFDC_OBC.dat Har_Cons.dat	사용 − EFDC.INP

Make_OBC.CTL에는 1개의 입력파일과 2개의 출력파일 이름과 LC를 입력한다. LC는 계산영역 내 계산 격자를 일렬로 늘어놓고 시작과 끝 2개를 가산한 격자의 수이며, EFDC.INP C9에서 입력된다.

1.4.1 수질정보

Make_OBC.CTL에 지시된 항목별 자세한 설명은 아래와 같다.

① NFL은 남, 서, 동, 북 각 방향에서 개방경계의 수를 지시한다. 본 예제에서는 서측으로 하나의 개방경계가 주어졌다. 만일 개방경계의 중앙에 섬이 있어 개방경계가 둘로 나뉠 경우 서측 개방경계의 수는 2개가 된다고 할 수 있다.

② 디폴트로 주어진 3개의 서측 개방경계에서 첫 번째 경계 시작 격자의 I 값이며, I는 동서방향이며 동측이 시점이 된다. 본 예제에서는 서측으로 하나의 개방경계가 주어졌기 때문에 나머지 두 개는 무시한다.

③ 디폴트로 주어진 3개의 서측 개방경계에서 첫 번째 경계 시작 격자의 J 값이며, J는 남서방향이며 남측이 시점이 된다. 본 예제에서는 서측으로 하나의 개방경계가 주어졌기 때문에 나머지 두 개는 무시한다.

④ ②와 같고 다만 서측 개방경계 끝점 격자의 I 값이다.

⑤ ③과 같고 다만 서측 개방경계 끝점 격자의 J 값이다.

⑥ 수질관련 항목으로 NTSCR은 조석이 바뀔 때 수질이 초기값으로 회복되기까지 소요되는 시간스텝이며 나머지 6개 항목은 각기 염, 온도, 염료, 패류난, 독성물질, 점착성, 비점착성 퇴적물 시계열 자료의 지정 넘버를 지시한다. 하며 이들은 표층에 국한된다.

⑦ 표층에서의 6개 수질 항목 상수값으로 시간변동이 없을 경우 적용한다.

⑧ ⑦과 동일하고 다만 저층에서의 값을 의미한다.

MAKE_OBC.CTL – 수질정보

```
INPUT FILE NAME1     : LXLY.INP
OUTPUT FILE NAME1    : EFDC_OBC.DAT
OUTPUT FILE NAME2    : EFDC_HarCon.DAT
  840                :  LC
C
① 0    1    0    0      :  NFL S, W, E, N 4개 방향 개방경계의 수
C
   0    0    0          :  SIF 1st, 2nd, 3rd 남측 3개 개방경계 I방향 시작점 3개
   0    0    0          :  SJF 1st, 2nd, 3rd 남측 3개 개방경계 J방향 시작점 3개
② 2    0    0          :  WIF 1st, 2nd, 3rd 서측 3개 개방경계 I방향 시작점 3개
③ 7    0    0          :  WJF 1st, 2nd, 3rd 서측 3개 개방경계 J방향 시작점 3개
   0    0    0          :  EIF 1st, 2nd, 3rd 동측 3개 개방경계 I방향 시작점 3개
   0    0    0          :  EJF 1st, 2nd, 3rd 동측 3개 개방경계 J방향 시작점 3개
   0    0    0          :  NIF 1st, 2nd, 3rd 북측 3개 개방경계 I방향 시작점 3개
   0    0    0          :  NJF 1st, 2nd, 3rd 북측 3개 개방경계 J방향 시작점 3개
C
   0    0    0          :  SIL 1st, 2nd, 3rd 남측 3개 개방경계 I방향 끝점 3개
   0    0    0          :  SJL 1st, 2nd, 3rd 남측 3개 개방경계 J방향 끝점 3개
④ 2    0    0          :  WIL 1st, 2nd, 3rd 서측 3개 개방경계 I방향 끝점 3개
⑤ 28   0    0          :  WJL 1st, 2nd, 3rd 서측 3개 개방경계 J방향 끝점 3개
   0    0    0          :  EIL 1st, 2nd, 3rd 동측 3개 개방경계 I방향 끝점 3개
   0    0    0          :  EJL 1st, 2nd, 3rd 동측 3개 개방경계 J방향 끝점 3개
   0    0    0          :  NIL 1st, 2nd, 3rd 북측 3개 개방경계 I방향 끝점 3개
   0    0    0          :  NJL 1st, 2nd, 3rd 북측 3개 개방경계 J방향 끝점 3개
C  NTSCR NSSER NTSER NDSER NSFSER NTXSER NSDSER NSNSER
⑥ 360   0     0     0     0      0      0      0      :  SOUTH
   360   0     0     0     0      0      0      0      :  WEST
   360   0     0     0     0      0      0      0      :  EAST
   360   0     0     0     0      0      0      0      :  NORTH
C  SAL  TEM  DYE  SFL  TOX1  SED1  SND1  SND2  SND3  SND4
⑦ 0    0    0    0    0     0     0     0     0     0    :  SOUTH SURFACE LAYER
   0    0    0    0    0     0     0     0     0     0    :  WEST SURFACE LAYER
   0    0    0    0    0     0     0     0     0     0    :  EAST SURFACE LAYE
   0    0    0    0    0     0     0     0     0     0    :  NORTH SURFACE LAYE
C  SAL  TEM  DYE  SFL  TOX1  SED1  SND1  SND2  SND3  SND4
⑧ 0    0    0    0    0     0     0     0     0     0    :  SOUTH BOTTOM LAYER
   0    0    0    0    0     0     0     0     0     0    :  WEST BOTTOM LAYER
   0    0    0    0    0     0     0     0     0     0    :  EAST BOTTOM LAYER
   0    0    0    0    0     0     0     0     0     0    :  NORTH BOTTOM LAYER

C  NTSCR: NO. OF TIME STEPS TO RECOVER SPECIFIED VALUES ON CHANGE TO INFLOW
          FROM OUTFLOW
C  NSSER, NTSER, NDSER, NSFSER, NTXSER, NSDSER, NSNSER:  BOUNDARY CELL SALINITY,
          TEMPERATURE, DYE, SHELLFISH LARVAE, TOXIC, COHESIVE SED, NON-COHESIVE
          SED CONC TIME SERIES ID NUMBER
C  SAL, TEM, DYE, SFL, TOX, SED, SND: ULTIMATE INFLOWING SALINITY, TEMPERATURE, DYE,
          SHELLFISH LARVAE, TOXIC, COHESIVE SED. AND NON-COHESIVE SEDIMENT CON.
```

C46은 사방 개방경계에서 격자수를 지시하며 직접 입력한다. Make_OBC.for 실행 결과 EFDC_OBC.dat에 아래와 같은 내용이 제공된다. 본 예제에서는 서측에만 개방경계가 존재하기 때문에 서측에 할당된 C52에서 C56에만 자료가 제공되고 나머지 방향의 카드는 무시되고 EFDC.INP에서도 아래 내용만 입력한다.

〈표 1.13〉 농도 개방경계 설정

카드번호	내용
C46	BSC TEMO HEQT RKDYE NCBS NCBW NCBE NCBN 1 10 0 0.0E+0 0 22 0 0
	수질 개방경계 격자수
C52	IBBS JBBS NTSCRS NSSERS NTSERS NDSERS NSFSERS NTXSERS NSDSERS NSNSERS 2 7 360 0 0 0 0 0 0 0 2 8 360 0 0 0 0 0 0 0 .
	서측개방경계 I, J 좌표 및 농도 시계열 지정 넘버
C53	SAL TEM DYE SFL TOX 0 0 0 0 0
	서측 표층 4개 항목 농도: SAL, TEM, DYE, SFL, TOX
C54	SED SND1 SND2 SND3 0 0 0 0
	서측 표층 4개 항목 농도: SED1, SND1, SND2, SND3
C55	SAL TEM DYE SFL TOX 0 0 0 0 0
	서측 저층 4개 항목 농도: SAL, TEM, DYE, SFL, TOX
C56	SED SND1 SND2 SND3 0 0 0 0
	서측 저층 4개 항목 농도: SED1, SND1, SND2, SND3

1.4.2 조석정보

개방경계에 조석을 입력하여 유동을 발생시키며 조석은 조화성분(주요 4대분조, M2, S2, K1, O1)의 진폭(m)과 지각g(°)을 입력한다. 본 예제에서는 전북 부안의 조석 조화분해 성분을 참고하였다(<표 1.4>).

Make_OBC.CTL에는 4개 개방경계에서 조석 조화성분이 동일한 양식으로 주어졌다. 모든 방향에서 디폴트로 3개의 경계가 주어졌으나 예제에서는 서측에 만 하나의 경계만 있는 까닭에 다른 방향 그리고 서측의 나머지 두 개경계는 무시된다. 조화성분 M2, S2, K1, O1의 순서로 진폭과 지각을 차례로 입력하였으며, 서측 경계의 시점인 남단과 종점인 북단에서 조석이 동일하지는 않지만 거리가 크지 않아 양단의 차이는 편의상 무시하기로 하고 하나의 자료를 양단에 동일하게 적용하기로 한다. 양단의 자료와 경계격자에 보간하여 출력한다. 이때 곡선직교 좌표계에서 개방격자의 크기가 일정하지 않을 수 있기 때문에 개방경계에서 조석자료를 보간할 때 LXLY.INP와 LC를 이용하여 보간시 사용한다.

MAKE_OBC.CTL – 조석정보

```
C  South - open boundary                                    : 남측개방경계
C        1_SW     1_SE     2_SW    2_SE    3_SW    3_SE    : 1, 2, 3번째 경계의 서측과 동측 끝
         .
C  West - open boundary                                     : 서측개방경계
C        1_WS     1_WN     2_WS    2_WN    3_WS    3_WN    : 1, 2, 3번째 경계의 남측과 북측 끝
M2_AMP     2.082    2.082  0.000   0.000   0.000   0.000
M2_PHA    76.400   76.400  0.000   0.000   0.000   0.000
S2_AMP     0.796    0.796  0.000   0.000   0.000   0.000
S2_PHA   128.100  128.100  0.000   0.000   0.000   0.000
K1_AMP     0.335    0.335  0.000   0.000   0.000   0.000
K1_PHA   274.200  274.200  0.000   0.000   0.000   0.000
O1_AMP     0.252    0.252  0.000   0.000   0.000   0.000
O1_PHA   238.700  238.700  0.000   0.000   0.000   0.000
C  East - open boundary                                     : 동측개방경계
C        1_ES     1_EN     2_ES    2_EN    3_ES    3_EN    : 1, 2, 3번째 경계의 남측과 북측 끝
         .
C  North - open boundary                                    : 북측개방경계
C        1_NW     1_NE     2_NW    2_NE    3_NW    3_NE    : 1, 2, 3번째 경계의 서측과 동측 끝
         .
C  ANGULAR SPEED M2, S2, K1, O1                             : 주요 4대 분조 각속도
   28.9841042
   30.0
   15.0410686
   13.9430356
```

EFDC.INP의 C14에서 C16은 직접 입력하는데, C14는 조석 조화성분의 수이며, C15은 조화성분의 이름과 주기(sec), C16은 유동 개방경계의 격자수, 조석강제 함수의 수 그리고 초기해수면을 지시한다. C17에서 C21은 Make_OBC.for 실행시 EFDC_Har_Con.dat으로 제공되며 C17은 조석강제함수의 번호, 조화성분 이름, 진폭(m), 지각(sec)을 지시하며, C18에서 C21은 남, 서, 동, 북측 순서의 개경계 I, J 좌표 및 조석조건을 지시한다. NPFORS는 C17의 NPFOR에서 지정된 조석강제함수의 번호이며 이를 서측 경계의 22개 격자(IPBS, JPBS)에 순서에 따라 각기 다르게 적용한다는 의미이다.

〈표 1.14〉

카드번호	내용
C14	MTIDE NWSER NASER ISGWI ISCHAN ISWAVE ITIDASM ISPERC ISBODYF 4 0 0 0 0 0 0 0 0 ISPNHYDS 0
	조석 조화성분의 수
C15	SYMBOL PERIOD 'M2' 44714.16 'S2' 43200.00 'K1' 86164.09 'O1' 92949.63
	조화성분 이름과 주기(sec)
C16	NPBS NPBW NPBE NPBN NPFOR NPFORT NPSER PDGINIT 0 22 0 0 22 0 0 0
	유동 개방경계 격자수, 조석강제 함수의 수, 초기해수면
C17	NPFOR SYMBOL AMPLITUDE PHASE 1 'M2' 2.0820000 9489.33984 1 'S2' 0.7960000 15372.00100 1 'K1' 0.3350000 65628.32030 1 'O1' 0.2520000 61630.76950 22 'M2' 2.0820000 9489.33984 22 'S2' 0.7960000 15372.00100 22 'K1' 0.3350000 65628.32030 22 'O1' 0.2520000 61630.76950
	조석강제함수 번호, 조화성분 이름, 진폭(m), 지각(sec)
C18-C21	IPBS JPBS ISPBS NPFORS NPSERS TPCOORDS IPBW JPBW ISPBW NPFORW NPSERW TPCOORDW 2 7 0 1 0 0 2 28 0 22 0 0 IPBE JPBE ISPBE NPFORE NPSERE TPCOORDE IPBN JPBN ISPBN NPFORN NPSER TPCOORDN
	남, 서, 동, 북측 개경계 I, J 좌표 및 조석조건

1.5 수심수정

'1.3 격자정보파일'에서 작성된 DXDY.OUT에는 편의상 격자 고유번호와 가로와 세로 크기만 출력하고 수심과 표고는 제시하지 않은 형태이며, 본 장에서 비로소 평균수심과 모의시작 시간의 해수면을 고려하여 수심과 표고를 산정하여 입력하기로 한다.

수심수정 과정은 포트란 프로그램 Make_Dxdyinp.For을 이용하여 콘트롤 파일 MAKE_DXDYINP.CTL과 4개 입력파일 DEPDAT.INP, LXLY.OUT, DXDY.OUT, Z_Check_Edited.dat을 읽어 들인 후 Z_Check.dat와 DXDY.INP를 최종 출력한다. 한편, 수심을 수정해야 할 경우, Z_CHECK.DAT 파일에서 직접 격자수심을 수정을 완료한 후 Z_CHECK_EDITED.DAT로 저장한다. 포트란 프로그램 Make_Dxdyinp을 실행하면 Z_CHECK.DAT를 수정하여 Z_CHECK_EDITED.DAT를 만들었는지 물어보고 y나 n으로 가부를 확인하며 y를 입력하였는데, 만일 파일이 작업 폴더 내에 없을 경우 경고메시지를 보여준다. 아울러 수심을 수정할 필요가 없을 경우, Z_CHECK.DAT 파일에서 곧장 DXDY.INP가 출력된다.

바다의 원래 수심을 보여주는 수치해도와 지금까지 지도를 이용하여 작업한 모델의 수심을 EFDC Explorer를 이용하여 두 개 수심 분포를 상호 비교할 때, 많은 경우 조간대나 폭이 좁은 수로 등 여러 지점에서 수심을 수정할 필요가 발생한다. 아울러, 모의 초기조건으로 계산영역 내 모든 격자에 일정한 해수면을 적용할 경우, 개방경계에서 수위변동이 생기면 급격한 이류에 의해 진동이 발생할 수 있고 이를 최소화하기 위해 모의초기 시간의 해수면과 평균해수면을 고려하여 수심자료를 작성할 필요가 있다.

〈표 1.15〉

작업내용	DXDY.OUT 파일에서 수심, 표고, 해수면 고려하여 DXDY.INP 출력	
작업S/W	Make_Dxdyinp.For	
입력파일	MAKE_DXDYINP.CTL DEPDAT.INP LXLY.OUT DXDY.OUT Z_Check_Edited.dat	컨트롤파일 출처 – '1.2.5 격자속성' 출처 – '1.3 격자정보파일' 출처 – '1.4 격자정보파일' 수심수정 후 재입력
출력파일	Z_Check.dat DXDY.INP	사용 – 수심출력(확인용) 사용 – EFDC 실행

```
C: >make_dxdyinp
If you correct z values in Z_Check.dat and make Z_Check_Edited.dat
Enter y or n:
Error : Z_Check_Edited.dat does not exist
```

1.5.1 MAKE_DXDYINP.CTL

컨트롤파일 MAKE_DXDYINP.CTL에서는 4개의 입력파일과 2개의 출력파일의 이름과 IMX, JMAX, Surface Elevation, ZROUGH, IVEGTYPE 그리고 MSL을 입력한다. IMX와 JMAX는 X, Y방향 최대 격자수이며 ZROUGH와 IVEGTYPE는 편의상 무시하여 영으로 입력한다. MSL은 평균해수면으로 '1.1.3 수심편집'에서 정의된 바와 같고 예제 해역의 경우 <표 1.1.4>의 3.465m이다. Surface Elevation는 EFDC 실행 초기시간의 개경계에서 수위를 지시한다. EFDC 모델을 도스모드에서 실행하면 <그림 1.6.1>과 같이 실시간으로 'SHOW.INP'에서 지정한 격자에서 일정한 간격으로 계산결과를 확인할 수 있다. 예를 들어 예제에서 시작일이 70.0일 경우 수위는 99 cm인 것을 알 수 있다.

```
MAKE_DXDYINP.CTL

INPUT FILE NAME1    : DXDY.OUT
INPUT FILE NAME2    : LXLY.OUT
INPUT FILE NAME3    : DEPDAT.INP
INPUT FILE NAME4    : Z_CHECK_EDITED.DAT
OUTPUT FILE NAME1   : Z_CHECK.DAT
OUTPUT FILE NAME2   : DXDY.INP
C
C IMX, JMAX, Surface Elevation, ZROUGH, IVEGTYPE, MSL   ! 평균수면 Z0고려안된 C14~C21
    40    50        0.99           0.0        0       3.465
```

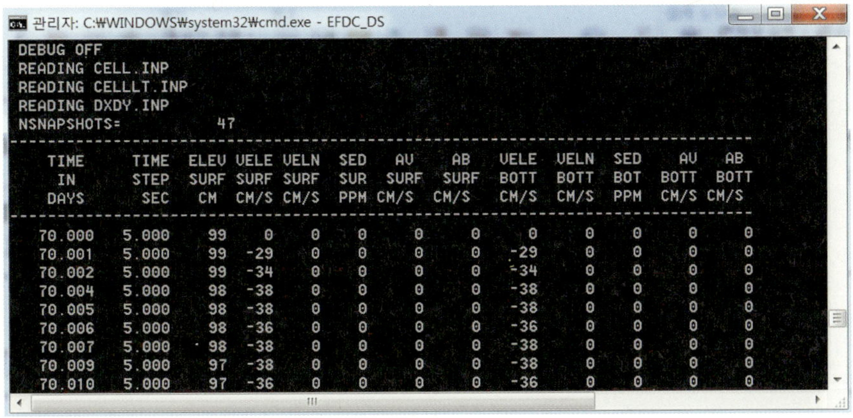

〈그림 1.39〉 모의초기 시간 개경계 수위확인

1.5.2 DXDY.INP 수정본

잘못 입력된 수심을 수정하고, 모의초기 발생할 수 있는 과도한 이류발생을 최소화하기 위해 최종 수정된 DXDY.INP는 아래와 같은 구조를 가지며 이 가운데 DEPTH(총수심)와 BOTTOM ELEVATION(저면표고, 해도상의 수심, Z)에 대한 분명한 이해가 필요하다.

DXDY.INP after correction

```
C dxdy.inp file, in free format across columns
C
C    I    J    DX       DY       DEPTH    BOTTOM ELEV    ZROUGH    VEG TYPE
C
     2    20   451.30   230.00   23.56    -22.57         0.00      0
     3    20   442.50   230.00   24.35    -23.36         0.00      0
```

DXDY.INP에서 DEPTH는 모의 시작 시간대의 총수심을 의미하며 조시에 따른 해수면의 변동에 따라 동일 지점이라 할지라도 고정되어 있지 않다. 총수심은 해수면에서 저면표고를 감산한 값이며 이때 해수면은 조위면에 평균수심을 가산한 값이다. <그림 1.7.2>을 보면 해수면(W_S)은 평균수심(MSL, Z_0)으로부터 조위면(η)까지의 거리이며, 조위면(η)은 평균수심을 중심으로 진동하기 때문에 조시에 따라 만조와 간조시 (+), (−) 값을 보인다. 총수심은 기본수준면(DL) 아래 표고에서는 항상 양의 값을 갖으나, 특별히 조간대의 경우 간조시 해수면이 하강하여 대기에 노출되는 조시에는 해수면이 조간대 표고 보다 낮게 되며 총수심은 음의 값을 갖게 된다.

총수심 (D)	=	해수면 (W_S)	−	저면표고 (Z)
해수면 (W_S)	=	조위면 (η)	+	평균수심 (Z_0)

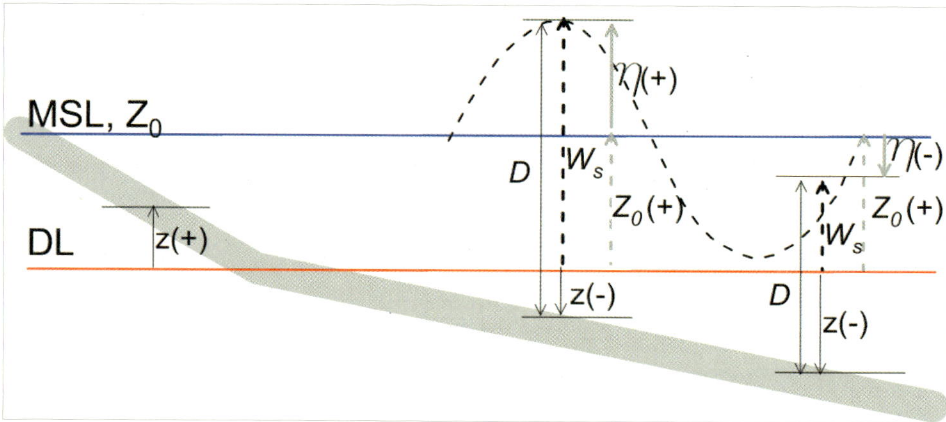

〈그림 1.40〉 수심 정의

한편, EFDC.INP의 C16 PDGINIT를 이용하면 계산 초기에 계산 영역 모든 해수면에 일정 값을 더하여 줌으로써 개방경계에 주어지는 해수면과 영역 내 모든 격자에서 해수면을 일치시킬 수 있다. 그러나 DXDY.INP의 초기해수면을 초기 개방경계 해수면과 일치시킬 경우 PDGINIT를 이용하는 것보다 매우 안정적으로 유동모의가 가능하기 때문에 이를 고려하여 설정하였다.

EFDC.INP

C16	NPBS	NPBW	NPBE	NPBN	NPFOR	NPFORT	NPSER	PDGINIT
	0	22	0	0	1	0	0	0.99

1.6 컨트롤파일

EFDC 모델의 컨트롤 파일 EFDC.INP는 EFDC_DS버전에서는 90개의 카드로 구성되며 이 가운데 해수유동을 실행하는 데 필요한 최소한의 항목은 기초항목, 개방경계조건 그리고 결과 출력 부분으로 구성되며 카드에 포함된 여러 항목 중 붉은 색으로 밑줄 친 내용만 수정하기로 하고 나머지 항목은 편의상 제외한다.

〈표 1.16〉 컨트로 파일 주요 구성

분류	카드번호	내용
기초항목	C2 C7-C9	실시간 결과 모니터링 모의시간, 시간간격, 격자구성
개방경계조건	C14-C21 C46-C66	조석경계 수질경계
출력조건	C70 C71-C73 C82-C83 C84, C87	덤프파일출력 유속, 조위출력 조석조류 조화분석 정점 시계열출력

1.6.1 기초항목

C2 : 모델 실행시 계산결과를 실시간으로 확인하기 위해서는 EFDC.INP C2에서 ISHOW를 1로 설정할 필요가 있다. ISHOW가 1이면 SHOW.INP를 읽어 모니터링 되는 격자의 좌표(I, J), 보여주는 항목과 시간간격을 설정하게 된다.

```
C2 RESTART, GENERAL CONTROL AND AND DIAGNOSTIC SWITCHES

ISRESTI ISRESTO ISRESTR IS_SEDZLJ ISLOG ISDIVEX ISNEGH ISMMC ISBAL IS2TIM
   0       0       0        0       0      0       0      0     0     1
ISHOW ISTIMING
  1      1
```

SHOW.INP

```
* SHOW.INP FILE, IN FREE FORMAT ACROSS LINE
* NSTYPE   NSHOWR   ISHOWC   JSHOWC
* ZSSMIN   ZSSMAX   SSALMAX
*
    5    440    2   18    22              : 격자의 I, J,  출력시간 간격
 -500    500   35
```

C7 : NTC는 일 단위의 모의기간이며 NTSPTC는 기준시간(TREF, 1일=86400s) 내 시간 간격(Δt=5s)의 횟수(=TREF/Δt =86400/5= 17280s)이다.

C8 : TCON은 시간변환계수 (=86400s), TBEGIN은 모의 시작시간으로 일단위이다.

C9 : IC와 JC는 I와 J 방향 최대격자수, LC는 계산격자수+2, LVC와 LDM은 계산격자수이다.

〈표 1.17〉 컨트롤 파일의 기초항목

카드번호	내용
C7	NTC NTSPTC NLTC NTTC NTCPP NTSTBC NTCNB NTCVB NTSMMT 1 17280 0 0 800 4 0 2 720 NFLTMT NDRYSTP 1 16
	모의기간, NTSPTC=TREF/Δt, Δt=TREF/NTSPTC)
C8	TCON TBEGIN TREF CORIOLIS ISCORV ISCCA ISCFL ISCFLM DTSSFAC 86400 70 86400 4.048E-05 0 0 1 0 0
	TBEGIN－모의시작 시간 (예, 0.5는 1월 1일 정오 12시 00분)
C9	IC JC LC LVC ISCO NDM LDM ISMASK ISPGNS NSHMAX NSBMAX 50 40 840 838 1 1 838 0 0 0 0 WSMH WSMB 0.0625 0.0625
	격자구조
C9A	KC KSIG ISETGVC SELVREF BELVREF ISGVCCK
	1 0 0 416.55 390.15 1
C10	K DZC 1 1. ! 저층
	K－층 번호, DZC－무차원 층두께, 모든 층의 합은 1

1.6.2 개방경계조건

개방경계조건 가운데 조석조건 C14 - C21은 '1.4.2 조석정보'에 수질조건 C46 - C66은 '1.4.1 수질정보'에 제시된 바와 같다.

1.6.3 출력조건

C70 : 계산결과를 덤프파일 형식으로 출력하는 조건이며 ISDUMP는 출력형식으로 3일 경우 아스키형식을 지시하며 NSDUMP는 출력 시간간격을 지시한다. ISDMPP, ISDMPU, ISDMPW, ISDMPT는 각기 수위, 수평유속, 연직유속, 운반변수에 대한 옵션으로 0보다 크면 출력한다.

C71 : 염, 온도, 염료, 패류난, 독성물질, 점착성, 비점착성 퇴적물 항목 출력옵션이며 EFDC Explorer 사용시 SFL 항목은 디폴트로 설정되어 있음에 주의할 필요가 있다.

C72 : ISSPH는 출력여부, NPSPH는 기준시간 당 출력횟수, ISPHXY는 출력파일의 형태로 1과 2는 아스키형태 3은 EFDC Explorer에서 사용하기 위한 바이너리 파일 형태를 지시한다.

C73 : ISVPH는 출력여부, NPVPH는 기준시간 당 출력횟수, IVPHXY는 출력파일의 형태로 1과 2는 아스키형태 3은 EFDC Explorer에서 사용하기 위한 바이너리 파일형태를 지시한다.

한편, 출력횟수 NPSPH, NPPPH, NPVPH는 일치시켜야 하는데, 1일 48회 출력할 경우 시간간격은 30분 (= TREF/48)이 된다. TREF는 기준시간 86400s 이며 C7에 정의되어 있다. 아울러 출력형태 ISPHXY, IPPHXY, IVPHXY의 옵션 3가지는 아래와 같다.

1 - I, j, 유동 혹은 수질, ***CNH.OUT ascii file,

2 - I, j, x, y, 유동 혹은 수질, ***CNH.OUT ascii file,

3 - binary file

〈표 1.18〉 컨트롤 파일의 출력조건

카드번호	내용
C70	ISDUMP ISADMP NSDUMP TSDUMP TEDUMP ISDMPP ISDMPU ISDMPW ISDMPT 3 0 360 0 365 1 1 0 0 IADJDMP -32768
	출력시간간격, 수위, 수평방향유속(u,v), 연직방향유속(w), 수질 (밑줄친 항목)
C71	ISSPH NPSPH ISRSPH ISPHXY 0 0 0 0 !SAL 0 0 0 0 !TEM 0 0 0 0 !DYE 1 48 0 3 !SFL EE 사용시 강제 설정(default) 0 0 0 0 !TOX 0 0 0 0 !SED 0 0 0 0 !SND
C72	ISPPH NPPPH ISRPPH IPPHXY NPPPH IPPHXY 1 48 1 3 1일 48회 30분 간격, Binary file 출력
	수위 출력 (EE 유속장 재현)
C73	ISVPH NPVPH ISRVPH IVPHXY 1 48 1 3 1일 48회 30분 간격, Binary file 출력
	유속 출력 (EE 해수면 재현)

C82 : 계산결과 중 조석과 조류를 조화분해할 경우 옵션이며 ISLSHA는 조화분해 가부, MLLSHA는 조화분해 격자의 수 그리고 NTCLSHA는 조화분해 기준시간을 지시한다. 한편, 조화분해 설정에 앞서 C7의 NTC를 31일 이상으로 설정할 필요가 있다.

C83 : ILLSHA와 JLLSHA는 격자의 I, J 그리고 LSHAP, LSHAB, LSHAUE, LSHAU는 각기 수위, 염분, 2D유속, 층별유속(u,v)에 대한 옵션이다.

〈표 1.19〉 컨트롤 파일의 조화분석 조건

카드번호	내용
C82	ISLSHA MLLSHA NTCLSHA ISLSTR ISHTA 1 1 30 1 0
	정점수, 적용일 (밑줄친 항목)
C83	ILLSHA JLLSHA LSHAP LSHAB LSHAUE LSHAU CLSL 2 2 1 0 1 1 'PC1'
	I, J, 수위, 염분, 2D유속, 층별유속(u, v)

참고로 조화분해 출력파일 LSHA.OUT에는 조석과 조류의 분조별 진폭과 지각을 제공한다. 여기서 지각은 초에서 각도로 단위를 변환하였고, 조석의 주요 4대 분조의 주기와 속도는 <표 1.7.1>과 같다.

LSHA.OUT

```
                       조석 진폭      지각
SYMBOL   TCP           AMPLITUDE      PHASE
 M2      0.4471E+05    0.7228E+00     0.3245E+05
.
.
                  조류 동방성분 진폭,  지각          북방성분 진폭,   지각
SYMBOL   TCP           AMU            PHU            AMV              PHV
 M2      0.4471E+05    0.1069E+00     0.1707E+04     0.2091E-01       0.1219E+05
.
.
                       조류 장축,     단축,          기울기,          지각
SYMBOL   TCP           MAJ            MIN            ANG              PHE
 M2      0.4471E+05    0.1069E+00     0.2081E-01     0.1134E+01       0.1734E+04
.
.
```

$$\text{PHASE}(°) = \text{PHASE}(s) \times 속도(°/h) \ / \ 3600(s)$$

〈표 1.20〉 조석 조화성분의 주기와 속도

	M2	S2	K1	O1
주기(h)	12.421	12.000	23.935	25.819
속도(°/h)	28.984	30.000	15.041	13.943

C84 : 선택한 정점에서 유동의 시계열 출력을 위한 옵션으로 ISTMSR는 선택 여부, MLTMSR는 정점의 수, NBTMSR는 출력 시작시간, NSTMSR는 출력 마감시간 그리고 NWTMSR는 출력 시간간격으로 만일 출력간격을 30분(1800s) 으로 설정하려면 C17에서 설정된 $\Delta t = 5s$을 고려하여 NWTMSR는 360 (=1800/5)으로 입력할 수 있다.

C87 : ILTS와 JLTS 선택한 정점의 좌표이다. MTSP, MTSC, MTSA, MTSUE, MTSUT, MTSU는 각기 수위, 수질, 와동, 2차원 수평유속, 2차원 수평수질, 층별수평유속의 시계열 출력 선택옵션이다.

〈표 1.21〉 컨트롤 파일의 시계열 출력조건

<table>
<tr><th>카드번호</th><th>내용</th></tr>
<tr><td rowspan="2">C84</td><td>ISTMSR MLTMSR NBTMSR NSTMSR NWTMSR NTSSTSP TCTMSR
1 1 1 1000000 360 1 86400</td></tr>
<tr><td>ISTMSR – 출력여부, MLTMSR – 정점수, NWTMSR – 출력시간 간격</td></tr>
<tr><td rowspan="2">C87</td><td>ILTS JLTS NTSSSS MTSP MTSC MTSA MTSUE MTSUT MTSU MTSQE MTSQ
20 30 1 1 0 0 1 0 0 0 0
CLTS
'PC1'</td></tr>
<tr><td>I, J, 수위, 농도, 2D유속, 3D유속, 정점 이름</td></tr>
</table>

1.7 EFDC Explorer 이용

1.7.1 모델실행

EFDC의 해수유동 모의에 필요한 최소한의 입력파일과 출력파일은 다음과 같다. 본 예제에서 실행파일은 EFDC.EXE 를 사용하며 6개의 입력파일이 필요하고 각각에 대한 설명과 작성 과정은 전 장에서 언급된 바와 같다. 모델 실행은 실행에 필요한 모든 파일을 하나의 폴더에 위치시키고 EFDC.EXE를 더블 클릭하거나 COMMAND.COM 콘솔창 혹은 도스창을 열어서 실행시키고 혹은 EE (EFDC Explorer)를 이용하여 실행할 수 있다. 모의결과는 컨트롤파일에서 입력한 출력조건에 따라 다양할 수 있으며, 기본적으로 컨트롤파일과 실행시간을 확인하기 파일, 덤프파일, 시계열파일 그리고 EE를 이용하기 위한 파일로 구성된다.

〈표 1.22〉 EFDC의 주요 입출력 파일

구분		파일	내용
입력		SHOW.INP CELL(LT).INP LXLY.INP DXDY.INP EFDC.INP	출처 – '1.6.1 기초항목' 출처 – '1.2.6 CELL.INP' 출처 – '1.3 격자정보파일' 출처 – '1.5.2 DXDY.INP 수정' 출처 – '1.6 컨트롤파일'
출력	일반	EFDC.OUT EFDCLOG.OUT	EFDC.INP 입력확인 에러 및 실행시간 확인
	덤프	SELDMPF.ASC UUUDMPF.ASC VVVDMPF.ASC	수위 유속동방성분 유속북방성분
	시계열	SELTS01.OUT UVETS01.OUT	수위 유속
	EFDC Explorer	EE_WS.OUT EE_VEL.OUT EE_WC.OUT	수위 유속 수질(염, 수온, 패류난, 독성물질, 퇴적물)

1.7.2 EFDC Explorer

EE는 EFDC와 연동되는 독립적인 프로그램으로서 EFDC 모델과 마찬가지로 초기 버전에 비해 많이 개선되었고 새로운 기능이 부가되었다. 최근 버전은 EFDC 모델과 함께 https://www.eemodelingsystem.com 주소에서 제공되며 최신 모델 데모 버전을 다운로드 할 수 있다. 비록 최신 버전이 있으나 본 연구에서는 모델링 작업에 필요한 기본적인 기능을 사용하기에 충분하다고 판단되어 과거 프리웨어로 공개된 EE5 버전을 사용하기로 하였다. EE는 모델 입력자료를 생성하는 전처리 과정과 모델결과를 해석 및 그림으로 제시하는 후처리 과정에 활용할 수 있다.

〈그림 1.41〉 EE(EFDC Explorer) 버전

가. 전처리

EE를 실행하면 초기화면을 볼 수 있고 우측 상단의 'Browse'를 클릭하면 모델에 필요한 파일이 위치한 폴더를 선택할 수 있다. 중요한 몇 가지 기능은 다음과 같다.

① 상단 풀다운 메뉴 중 줄자모양 아이콘 (Setting)을 클릭하면 아래 팝업창이 나타나고 여기에 EFDC.EXE 파일과 편집프로그램의 폴더를 'Browse'를 통해 입력할 수 있다.

② EFDC.EXE 파일은 EE에서 직접 모델을 실행할 경우 상단의 망치모양 아이콘 (Run model)을 클릭하면 도스창이 열리면서 모델이 실행된다.

③ 상단 풀다운 메뉴 중 우측 끝에서 두 번째 노란색 아이콘(Viewplan)을 실행하면 계산영역이 2차원으로 도시되고 다양한 기능을 가진 아이콘이 제공된다(<그림 1.7.10>).

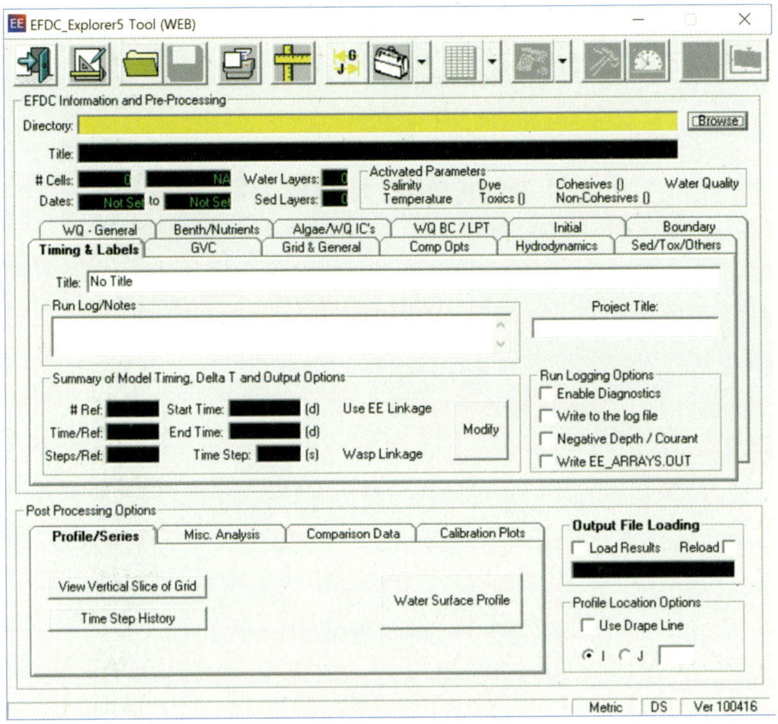

〈그림 1.42〉 EE 초기화면

〈그림 1.43〉 EE 상단 풀다운 메뉴

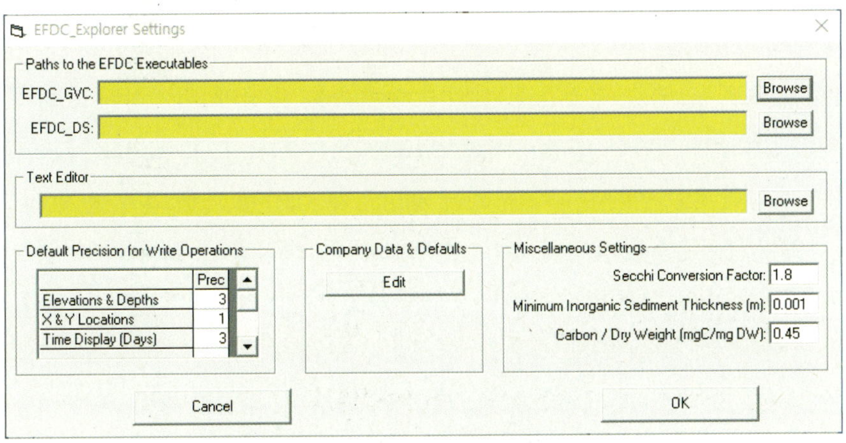

〈그림 1.44〉 EFDC 실행파일 셋팅 화면

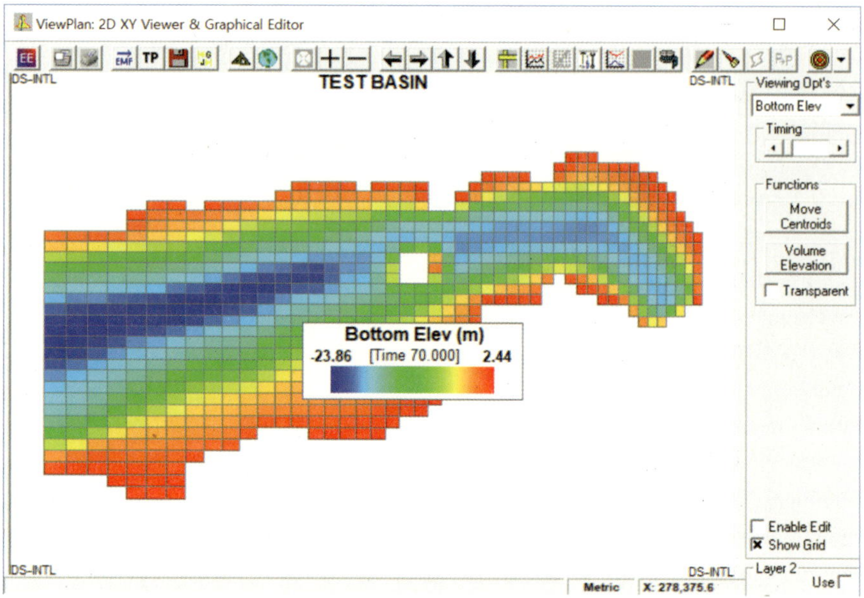

〈그림 1.45〉 EE Viewplan 화면

한편, 모델 입력자료를 생성하는 전처리 과정에서 EE를 이용할 수 있다. 예를 들어 비록 모델 실행에 필요한 모든 파일이 준비되지 않은 단계일 지라도 EE를 이용하여 '1.4 개방경계조건' 과정에서 격자 구성 및 개방경계 격자를 확인하는 용도로 활용할 수 있다. CELL(LT).INP이 준비되었다면, EFDC.INP의 C9 (KC, IC, JC, LC, LVC, LDM) 만을 수정한 후, 미완성의 나머지 파일 LXLY.INP와 DXDY.INP을 동일 폴더 내에 위치시킨 후 EE를 실행할 수 있다. 이때 비록 아래와 같이 에러(<그림 1.46>)를 지시하는 메시지창이 뜨나 'OK'를 클릭하여 무시하고 진행한다. 상단 메뉴바에서 노란색 아이콘(Viewplan)을 선택하면, 'ViewPlan' 창이 열리며 오른쪽 상단 'Viewing Opt's'에서 'Cell indexes'를 선택하면 계산영역 내에서 정의된 모든 격자가 도시되며 마우스를 격자에 위치시키고 클릭하면 노란색의 조그만 팝업창에 격자에 관한 다양한 정보(격자번호, I, J, X, Y, DX, DY, 표고, 수심)가 제공된다. <그림 1.47>에서는 좌측 하단 개방경계 격자에 대한 정보를 확인할 수 있다. 이를 이용하여 <표 1.23>과 같이 서측 개방경계에서 시점과 종점의 좌표 정보와 격자수에 대한 자료를 손쉽게 확인할 수 있다. 모델영역이 크거나 개방경계가 복잡한 경우 정확한 정보를 입력하는데 유용하게 사용할 수 있다. 모형작업에서 격자정보에 대한 단순한 실수로 인해 때로 막대한 시간낭비가 발생할 수 있음에 유의할 필요가 있다.

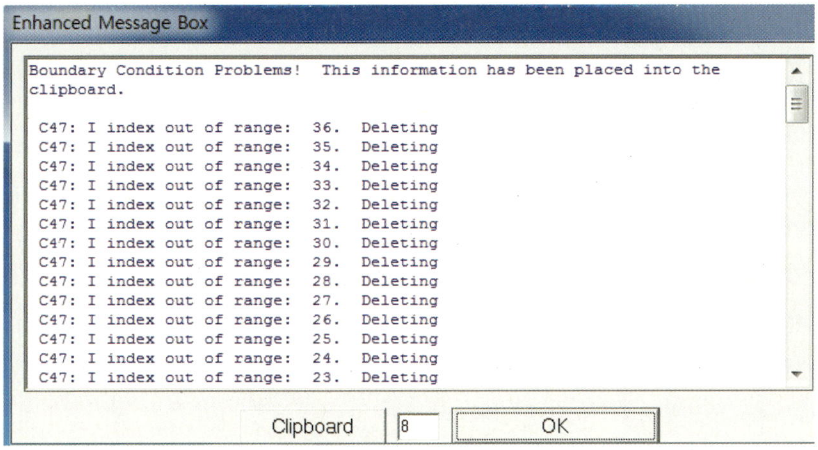

〈그림 1.46〉 EE 오류 메시지

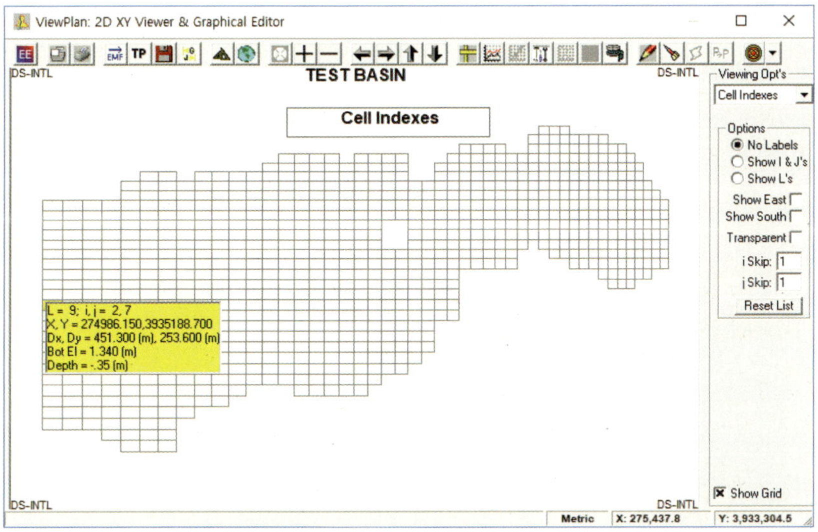

〈그림 1.47〉 ViewPlan창에서 격자 정보확인

〈표 1.23〉 개방경계자료 취득

방향	구간		격자수	누적격자수
	시점(I,J)	종점(I,J)		
SOUTH				
WEST	2, 7	2, 28	22	22
EAST				
NORTH				

나. 후처리

1) 표고분포

EE를 이용하여 계산결과를 그림으로 확인할 수 있다. 'ViewPlan' 창에서는 우측 상단 'Viewing Opt's'을 통해 'Cell Indexes', 'Cell Map', 'Bottom Elevation', 'Water Levels', 'Boundary C', 'Velocities'와 'Water Column' 등의 내용을 볼 수 있다. 예를 들어, 표고를 보기위해서 'Bottom Elevation'을 선택하면 <그림 1.48>을 볼 수 있다. 이때 우측 하단 'Bottom Elevation' 박스를 마우스 오른쪽으로 클릭하면 가시화 선택 팝업창 'Display Options'이 나타나고 다양한 옵션을 선택할 수 있다(<그림 1.49>). 표고의 색상을 바꾸고자 한다면, 팝업창 하단의 우측 'Color Ramp'에서 수정이 가능하고, 시간선택은 <그림 1.48>의 우측 'Timing'의 수평막대에서 선택이 가능하다. 시간범례를 보고 싶다면 하단 중앙 'Timing Frame'에서 'Show'를 선택하면 가능하다.

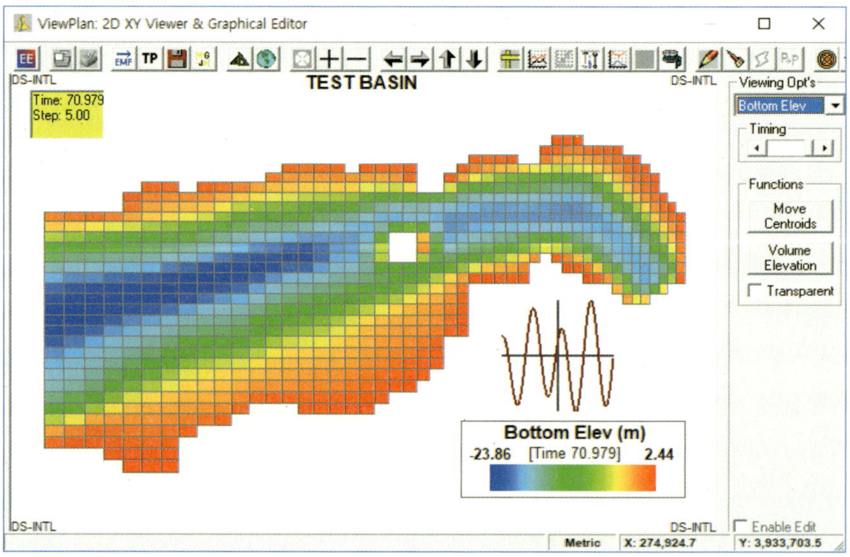

〈그림 1.48〉 EE에서 표고(Bottom Elevation) 분포

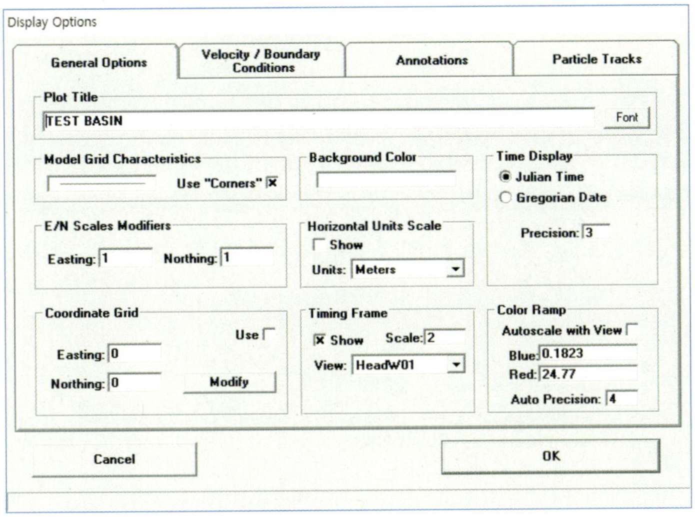

〈그림 1.49〉 가시화 선택(Display Option) 팝업창

2) 수심분포

수심 분포를 보고자 한다면 'Viewing Opt's' 옵션에서 'Water Levels'를 선택하고 여기에 속한 옵션 가운데 'Depth'는 총수심, 'Elevation'은 조석 변화에 따른 수위를 의미한다 (<그림 1.50>). 특히, 이 그림은 70.979 일의 모의 예측결과이며 조석곡선 시간범례를 보면, 하루 2회 만조 가운데 작은 만조에 이르기 전임을 알 수 있다. 그림에서 회색으로 채색된 격자는 대기에 노출된 조간대를 의미한다.

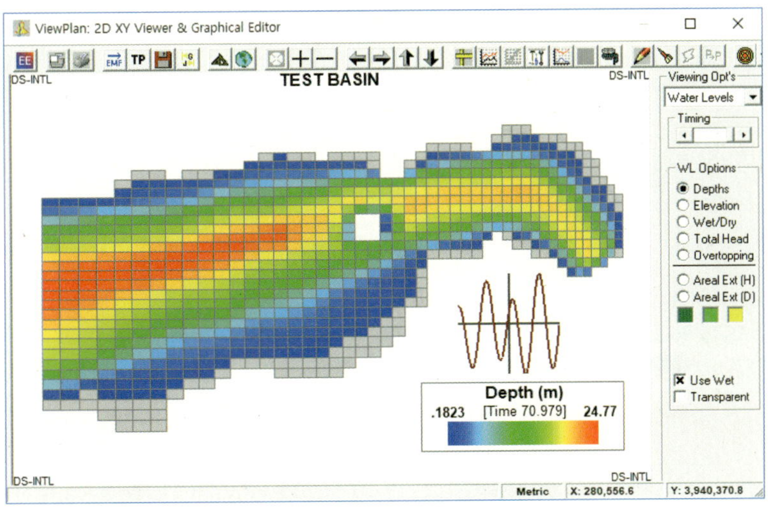

〈그림 1.50〉 EE에서 수심(Depth) 분포

3) 수평유속분포

유속의 수평 분포를 보고자 한다면, 'Viewing Opt's' 옵션에서 'Velocities'를 선택한다(<그림 1.51>). 유속을 지시하는 화살표 벡터를 수정하기 위해서는 우측 하단 'Velocities' 박스를 마우스 오른쪽으로 클릭하면 가시화 선택 팝업창 'Display Options'이 나타나고, 상단 중앙의 'Velocity/Boundary Conditions'를 다시 선택한다. 여기서 유속의 척도와 단위 그리고 화살표의 색과 모양 등을 설정할 수 있다(<그림 1.52>).

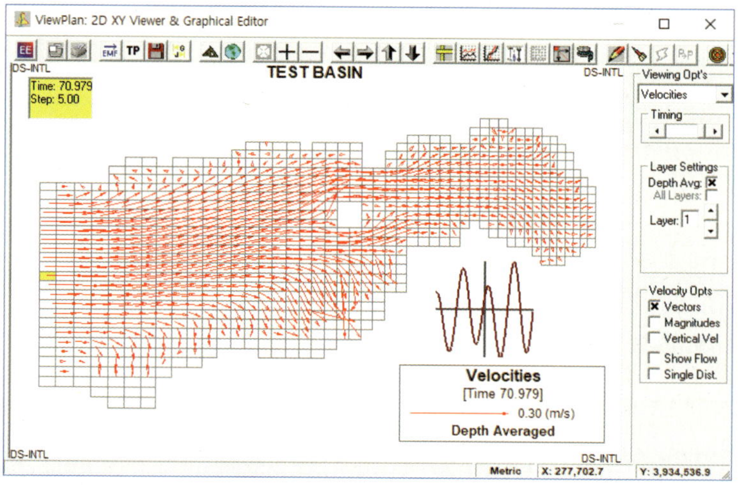

〈그림 1.51〉 EE의 유동 분포 가시화

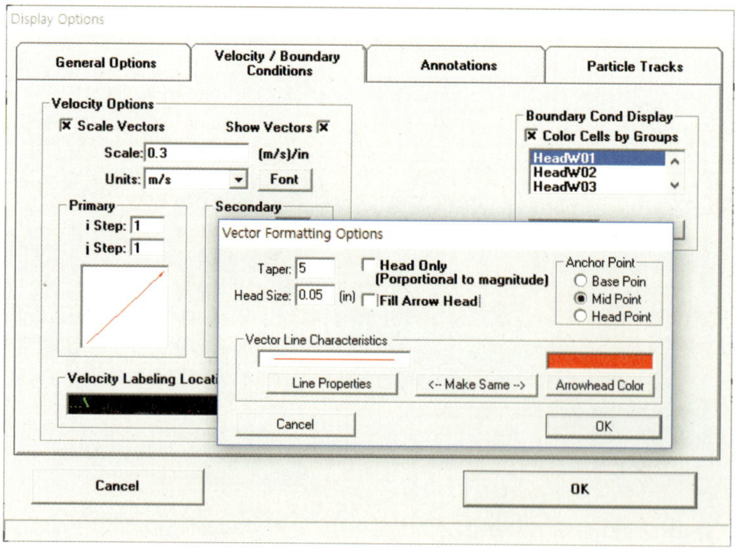

〈그림 1.52〉 EE의 유속 가시화 옵션

1.8 연습문제

예제 1) 앞에서 직교좌표로 구성된 격자구조를 아래 그림과 같이 곡선직교좌표로 재구성하여 동일한 개방경계 조건을 이용하여 유동모의를 실행한다.

- 격자작성 방법은 아래의 단계를 따라 직접 작성하여 본다. 특히, FEM 파일에서 오류가 발생할 경우 이를 해결하는 방법을 학습한다.

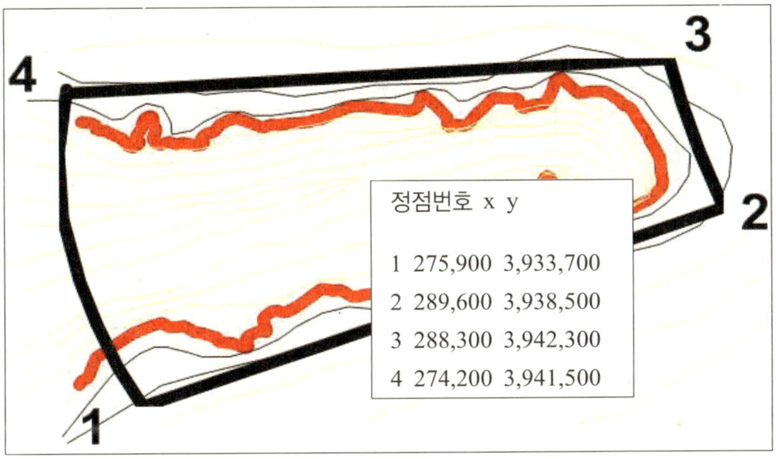

〈그림 1.53〉 계산영역 박스분할

① GEOMETRY 작성

MODE/GEOMETRY/LINE

- 좌표를 직접 입력 1 ⇒ 2 ⇒ 3 ⇒ 4 ⇒ 1, 서측과 동측 곡선입력

ARC – TRACKING → 4, 1 마우스로 클릭 → TRACKING 클릭하여 해제

→ 원호 상단 별 표시 마우스로 클릭하여 원호 조절

FILE/SAVE AS/TEST2.PRE

- 저장 후 저장된 파일을 부른다.

OPEN/TEST1.PRE - 저장된 파일 불러서 작업 진행

② BOUNDARY 작성

MODE/BOUNDARY/

경계선에 커서를 위치하고 마우스 왼쪽 클릭하여 선택

□ 남측경계설정	□ 북측경계설정
− BLOCK&DIRECTION 1ST LINE −1 S(남측) 선택 2ND LINE −0 E,W,N,S 선택 무시 − STRETCHING FUNCTION GEOMETRIC PROGRESSION : 등분할 − STRETCH COEF 분할계수 : 1 GRID GAP : 50 격자수 입력	− BLOCK&DIRECTION 1ST LINE −1 N(북측) 선택 2ND LINE −0 E,W,N,S 선택 무시 − STRETCHING FUNCTION GEOMETRIC PROGRESSION : 등분할 − STRETCH COEF 분할계수 : 1 GRID GAP : 50 격자수 입력
□ 서측경계설정	**□ 동측경계설정**
− BLOCK&DIRECTION 1ST LINE −1 W(서측) 선택 2ND LINE −0 E,W,N,S 선택 무시 − STRETCHING FUNCTION GEOMETRIC PROGRESSION : 등분할 − STRETCH COEF 분할계수 : 1.0 GRID GAP : 40 격자수 입력	− BLOCK&DIRECTION 1ST LINE −1 E(동측) 선택 2ND LINE −0 E,W,N,S 선택 무시 − STRETCHING FUNCTION GEOMETRIC PROGRESSION : 등분할 − STRETCH COEF 분할계수 : 1.0 GRID GAP : 40 격자수 입력

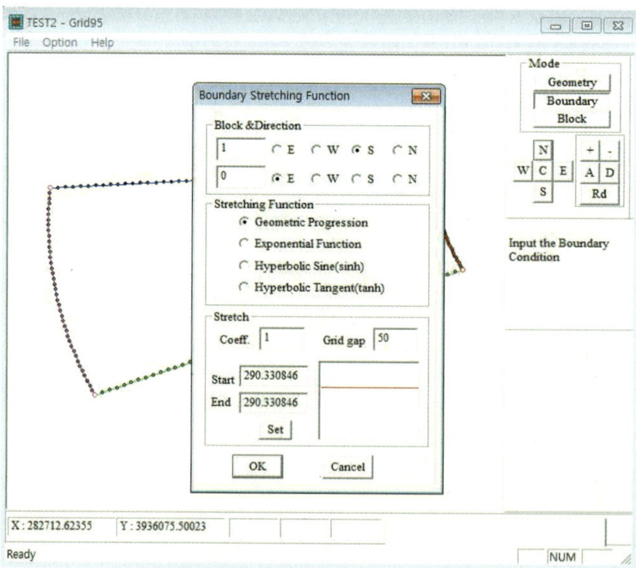

〈그림 1.54〉 박스의 남측 경계 설정

③ BLCOK 작성

- MODE/BLOCK - 격자그림 나타남
- FILE/FORMAT IN FEM /OPTION /HIDE NODE NUMBER
  /SHOW NODE NUMBER
- TEST2.FEM 생성됨

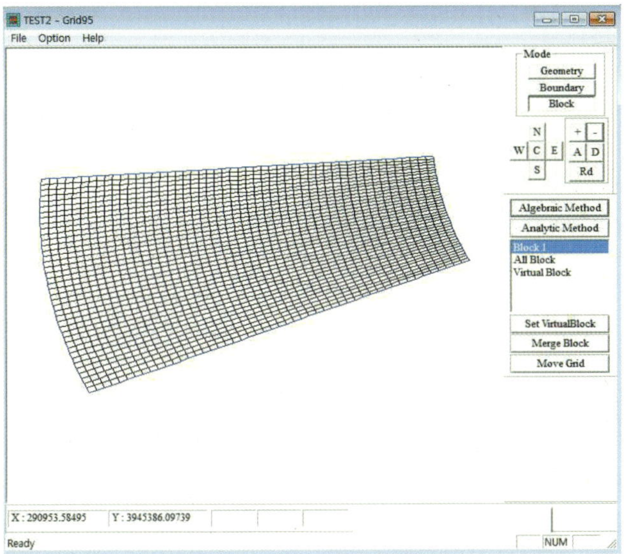

〈그림 1.55〉 BLOCK 설정

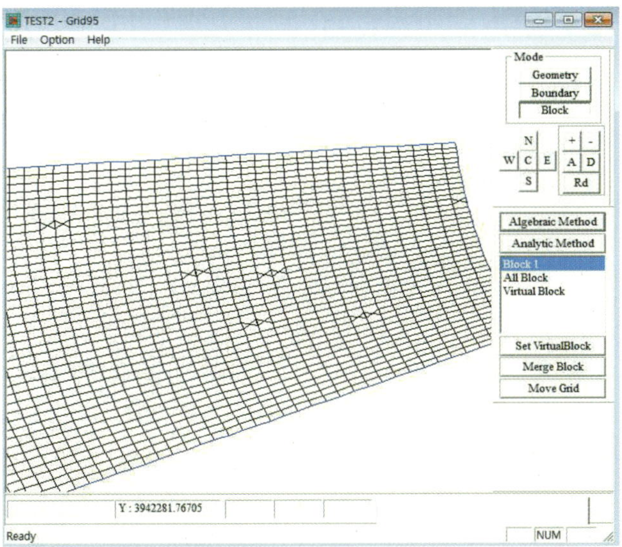

〈그림 1.56〉 BLOCK/ FILE/FORMAT IN FEM 작업 후 양상

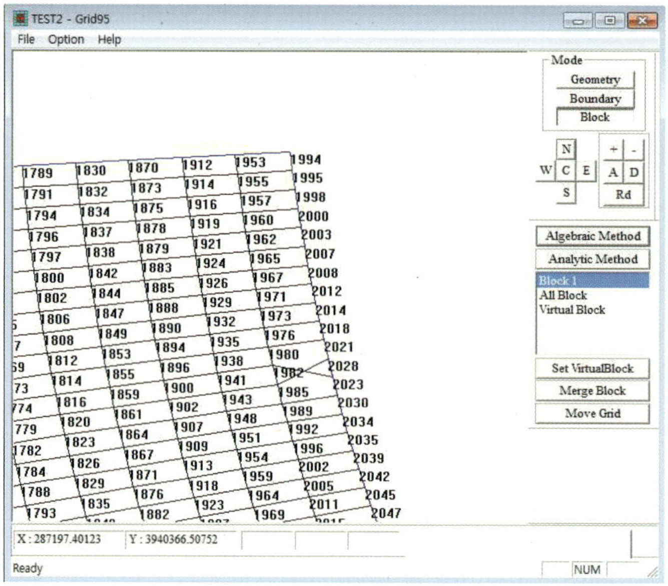

〈그림 1.57〉 격자구성(show node number)

④ GRID95 오류수정

FEM 파일에서 발견되는 오류의 형태는 <그림 1.58>과 같이 사각형이 삼각형이 되는 경우이다. 이는 격자의 네 모서리 마디를 잇는 순서가 뒤틀리면서 발생하는 오류이다. FEM 파일에서 격자의 마디를 읽어 들이는 순서 <그림 1.59>를 고려하면, 오류가 발생한 격자의 마디를 찾을 수 있고 이를 원래의 순서 <표 1.24>와 같이 수정하면 해결할 수 있다.

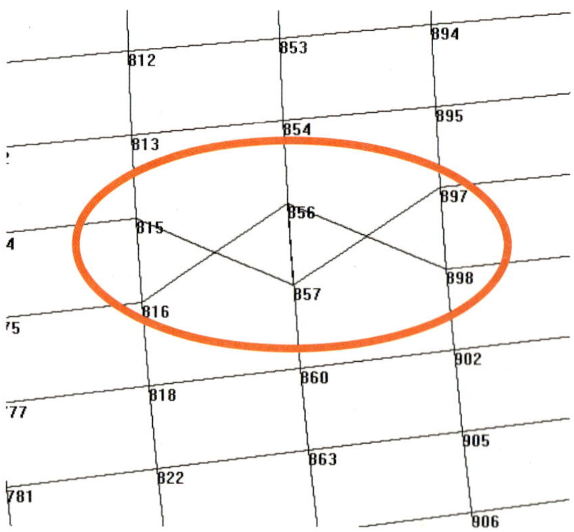

〈그림 1.58〉 FEM 파일의 오류 형태

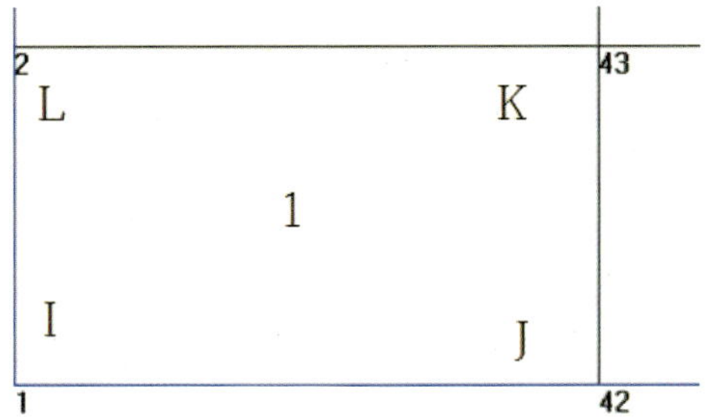

〈그림 1.58〉 1번 격자 마디의 순서– I, J, K, L (1, 42, 43, 2)

〈표 1.24〉 오류가 발생한 격자의 마디 순서 수정

오류발생 부분	오류 수정
871 822 863 860 818	871 822 863 860 818
872 818 860 **856** 816	872 818 860 **857** 816
873 816 **856 857** 815	873 816 **857 856** 815
874 815 **857** 854 813	874 815 **856** 854 813
875 813 854 853 812	875 813 854 853 812

제2장 염료 모의

본 장에서는 수질 모의에 대한 기본적인 모델링 방법을 학습하기 위해 염료를 대상으로 초기조건, 경계조건 그리고 외부 시계열 입력자료의 구조와 파일을 작성하는 과정을 설명하였다. 앞 장에서 수립된 예제 하구를 그대로 가져와 염료 모의의 기본모델로 사용하였고, 특히 이차원에서 연직방향 삼차원으로 유동장을 확장하여 다루었고, EFDC Explorer를 충분히 활용할 수 있게 예제를 제시하였다.

2.1 유동장

염료 이류확산 모의에 앞서 이차원 유동장을 연직방향 삼차원으로 재구성하였다. 본 예제에서는 5개 층으로 구성하였으며 방법은 EFDC 컨트롤 파일 EFDC.INP에서 카드넘버 C9과 C10를 아래와 같이 설정하였다(<표 2.1>). C9에서는 층수 'KC'를 1에서 5로 수정하였고, C10에서는 각 층의 무차원 두께 분율을 설정하였다. 실제 층의 두께와 모형상에서 처리되는 층의 두께는 <그림 2.1>과 같고, 층번호 1은 저층 최대값 5는 표층을 지시하며 모든 층의 두께 합은 1이 된다.

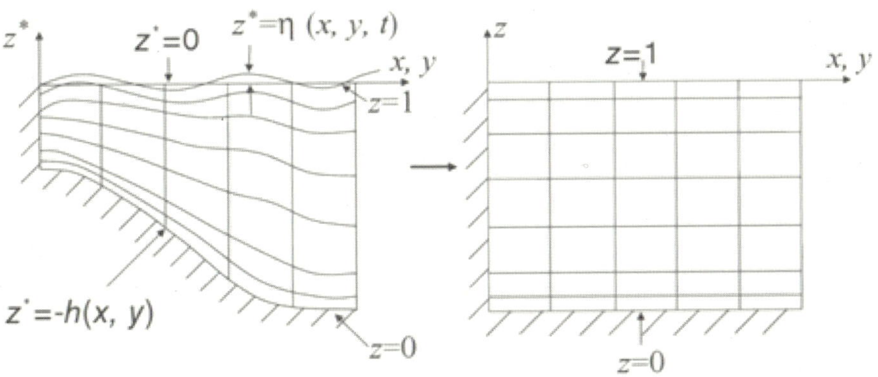

〈그림 2.1〉 연직방향 좌표계 구성, z* – 직각좌표(좌)와 z – 시그마좌표(우) (Ji, 2008)

〈표 2.1〉 모형 삼차원 유동장 적용

카드번호	내용										
C9	IC	JC	LC	LVC	ISCO	NDM	LDM	ISMASK	ISPGNS	NSHMAX	NSBMAX
	5	50	40	840	1	1	838	0	0	0	0
	WSMH	WSMB									
	0.0625	0.0625									
	격자구조										
C9A	KC	KSIG	ISETGVC	SELVREF	BELVREF	ISGVCCK					
	5	0	0	416.55	390.15	1					
C10	K	DZC									
	1	0.2	! 저층								
	2	0.2									
	.										
	5	0.2	! 표층								
	K – 층 번호, DZC – 무차원 층두께, 모든 층의 합은 1										

2.2 컨트롤파일

염료는 질량이 없어 침강하지 않고 이류 · 확산되며 유동에 영향을 미치지 않는다고 가정될 수 있어 오염물의 이류, 확산 거동을 파악하는데 사용된다. 염료모의는 다음 3가지 과정으로 구성된다.

첫째, 염료를 모의대상으로 선택한다.
둘째, 초기, 개방경계 그리고 점오염원 형태로 유입되는 염료의 농도를 상수로 혹은 시계열 파일의 형태로 작성하여 읽어 들인다.
셋째, 모의결과를 출력한다.

2.2.1 모의항목

EFDC에서 모의항목은 총 9개로서 난류강도(turbulent intensity), 염, 온도, 염료, 패류난(shellfish larvae), 독성물질, 점착성퇴적물, 비점착성퇴적물, 수질의 순서이다. EFDC.INP C6에서 항목별 모의실행 여부 선택은 ISTRAN으로 입력되며, ISTRAN이 1이면 가(yes), 0이면 부(no)이다. ISTOPT는 계산 옵션으로서 항목 마다 상이하나 염료의 경우 0이면 초기값은 0으로 가정되며, 1 이상이면 계산 영역 모든 격자에서 초기 염료농도를 DYE.INP 파일을 읽어 들여 계산한다. 만일, ISTOPT가 1 이상인데 DYE.INP 파일이 폴더 내에 없으면 오류 메시지를 보이고 실행은 중단된다. 한편, 난류강도는 층이 2개 이상 일 때 선택 여부에 관계없이 계산된다. 수질(CWQ)의 경우 ISTRAN가 1이면 C, N, P, Si 등을 포함하는 이화학적 수질관련 파일을 읽어 들여 모의를 실행한다.

EFDC.INP

C6	ISTRAN	ISTOPT	ISCDCA	ISADAC	ISFCT	ISPLIT	ISADAH	ISADAV	ISCI	ISCO		
	0	0	0	1	1	0	0	0	0	0	!TURB	0
	0	0	0	1	1	0	0	0	0	0	!SAL	1
	0	0	0	1	1	0	0	0	0	0	!TEM	2
	1	1	0	1	1	0	0	0	0	0	**!DYE**	**3**
	0	0	0	1	1	0	0	0	0	0	!SFL	4
	0	0	0	1	1	0	0	0	0	0	!TOX	5
	0	0	0	1	1	0	0	0	0	0	!SED	6
	0	0	0	1	1	0	0	0	0	0	!SND	7
	0	0	0	1	1	0	0	0	0	0	!CWQ	8

2.2.2 농도 · 유량

농도 관련 입력 항목은 초기조건, 개방경계조건, 점오염원 3가지를 포함한다. 이들은 컨트롤 파일 EFDC.INP에서 <표 2.2>와 같이 각기 특정 카드번호에서 직접 상수로 입력되거나 혹은 시간에 따른 시계열 자료로 입력되며, 이들 자료는 포트란 프로그램 MAKE_DYEINP.FOR 파일을 이용하여 작성할 수 있다.

〈표 2.2〉 염료모의 입력파일

	EFDC.INP	입력파일	작성프로그램
초기값	C6	DYE.INP – 염료	Make_Dyeinp.for
점오염원	C22, 23, 24, 25, 26	DSER.INP – 염료 QSER.INP – 유량	
개방경계	C47～66	DSER.INP – 염료	

가. 점오염원

점오염원이란 하천, 오폐수, 온배수 방류구 등 특정 공간을 통해 유량과 오염물이 유역으로 방출된다는 의미이며 모의에는 방류량과 오염물의 농도자료가 입력되어야 한다. 본 장의 테스트 모델에서는 편의상 계산영역의 중앙 (I, J = 20, 20)에 오폐수가 유입된다고 가정하였다. 점오염원 설정은 컨트롤 파일 EFDC.INP의 C22에서 C26에 아래와 같이 입력된다(<표 2.3>).

C22 : NTOX, NSED와 NSND는 독성물질과 퇴적물 자료이며 디폴트값이 1로 지정되어 있어 모의에서 다루지 않더라도 항상 1로 지정함에 유의해야 한다. NCSER1부터 NCSER7까지 항목은 각기 염, 온도, 염료, 패류난, 독성물질, 점착성 및 비점착성 퇴적물을 지시한다. 예를 들어, NCSER3이 2이면, 염료 시계열 셋트의 수가 2개라는 의미이며, 이 자료는 하천 · 오폐수 등의 점오염원이나 개방경계 어디에서나 이용할 수 있다.

C23 : NQSIJ는 점오염원이 존재하는 격자의 수로서, 1개의 격자에 복수의 점오염원이 존재할 수 있다. NQSER은 유량의 유 · 출입 시계열 셋트의 수이다. 점오염원 모의시 농도와 유량이 함께 제공되어야 하기 때문에, NQSIJ가 1보다 크면, QSER.INP 유량 시계열 파일이 제공되어야 하며, NQSER 또한 반드시 1보다 커야 한다. 그러나 NQSIJ는 NQSER와 항상 같지 않을 수 있음에 주의해야한다. 예를 들어, 2개 격자에서 동일하게 유량 유 · 출입이 있을 경우 NQSIJ = 2, NQSER = 1이 되며, 1개 격자에서 2개의 서로 다른 유량 유 · 출입이 있을 경우 NQSIJ = 1, NQSER = 2가 되어야 한다.

C24 : IQS, JQS는 하천 · 오폐수 격자의 I , J , QSSE는 I , J 격자에 할당된 방류량으로 값이 일정한 경우 상수(m^3/s)로 입력하며, 만일 방류량 시계열 셋트가 있다면 IQSERQ는 I , J 격자에 할당된 방류량 시계열 번호(ID number)가 된다. 이때 QSSE는 무시된다. ICSER3는 I , J 격자에 할당된 염료 농도 시계열 셋트 번호(ID number)를 가리킨다. 본 테스트 모델에서 하천 · 오폐수 점오염원이 위치하는 격자의 I , J는 20, 20이며, 방류량 시계열 번호는 1 그리고 염료 시계열 번호는 1로 설정하였고, DSER.INP 염료 시계열 파일이 제공되어야 한다.

C25, C26 : 점오염원 유출입 격자에서 유출량이 일정한 경우 염, 온도, 염료, 패류난, 퇴적물 농도의 상수값을 설정하며 항목별 모의 유무에 관계없이 NQSIJ 수만큼 설정되어야 한다.

〈표 2.3〉 염료모의를 위한 점오염원 입력

카드번호	내용
C22	NTOX NSED NSND NCSER1 NCSER2 NCSER3 NCSER4 NCSER5 NCSER6 NCSER7 1 1 1 0 0 2 0 0 0 0 ISSBAL 0
	농도 시계열 자료의 수
C23	NQSIJ NQJPIJ NQSER NQCTL NQCTLT NQWR NQWRSR ISDIQ 1 0 1 0 0 0 0 0
	NQSIJ – 점오염원 격자수, NQSER – 유량 시계열 자료수
C24	IQS JQS QSSE NQSMUL NQSMFF NQSERQ NS– NT– ND– NSF– NTX– NSD– 35 30 0.0 0 0 1 0 0 1 0 0 0 NSN– QSFACTOR 0 1.
	I, J, 유량(상수)
C25	SAL TEM DYE SFL TOX1 0 0 0 0 0
	점오염원의 염분, 수온, 염료, 패류난, 독성물질의 농도 (유량 일정할 경우)
C26	SED1 SND1 0 0 0 0
	점오염원 퇴적물 농도 (유량 일정할 경우)

나. 개방경계

개방경계 설정은 EFDC.INP의 C47~C66에서 남, 서, 동, 북 방향으로 일정한 양식을 되풀이 하여 입력하며, 본 테스트 모의에서는 서측 경계 C52에서 C56 만 제한하여 입력한다(<표 2.4>).

〈표 2.4〉 염료모의를 위한 개방경계 오염원 입력

카드번호	내용
C47-C51	남측 농도경계조건 (C52-C56 동일형식)
C52	IBBW JBBW NTSCRW NSSERW NTSERW NDSERW NSFSERW NTXSERW NSDSERW 2 7 360 0 0 2 0 0 0 2 8 360 0 0 2 0 0 0 2 9 360 0 0 2 0 0 0 . . 2 28 360 0 0 2 0 0 0 NSNSERW 0 0 0 . . 0
	서측 개방경계에서 농도 I, J 좌표 및 항목 별 농도 시계열 번호(ID number)
C53	SAL TEM DYE SFL TOX 0 0 0 0 0 . 0 0 0 0 0
	서측 표층 4개항목, SAL TEM DYE SFL TOX
C54	SED SND1 SND2 SND3 0 0 0 0 . 0 0 0 0
	서측 표층 4개항목 SED1 SND1 SND2 SND3
C55	SAL TEM DYE SFL 0 0 0 0 . 0 0 0 0
	서측 저층 4개항목 SAL TEM DYE SFL TOX
C56	SED SND1 SND2 SND3 0 0 0 0 . 0 0 0 0
	서측 저층 4개항목 SED1 SND1 SND2 SND3
C57-C61	동측 농도경계조건 (C52-C56 동일형식)
C62-C66	북측 농도경계조건 (C52-C56 동일형식)

C47~C51 : 남측, 개방경계 농도설정이며, 서측경계와 동일한 형태이다.

C52 : ICBW와 JCBW는 I, J 정점이며, NSSERW, NTSERW, NDSERW, NSFSERW, NTXSERW, NSDSERW, NSNSERW은 항목별 농도의 시계열 번호(ID number)로 각기 염분, 온도, 염료, 패류난, 독성물질, 점착성 및 비점착성 퇴적물을 지시한다. 본 테스트 모델에서 개방경계로 유입되는 NTSERW 염료 시계열 번호는 동일하게 2로 설정하였고, DSER.INP 염료 시계열 파일에서 읽어 들인다. 하천 · 오폐수 경우와 다른 점은 개방경계의 경우 유량 자료가 필요하지 않다. 만일 위치는 개방경계인데 유량자료가 필요하다면, 이를 개방경계 조건이 아닌 하천 · 오폐수 조건(C22~C26)에서 설정해야 한다.

C53, C54 : 서측 개방경계의 표층에서 수질항목의 농도 상수값이다.

C55, C56 : 서측 개방경계의 저층에서 수질항목의 농도 상수값이다.

C57~C61 : 동측 개방경계 농도설정이며, 서측경계와 동일한 형태이다.

C62~C66 : 북측 개방경계 농도설정이며, 서측경계와 동일한 형태이다.

다. 감쇠율

염료의 감쇠율은 EFDC.INP C46의 RKDYE로 적용한다(<표 2.5>).

〈표 2.5〉 염료모의를 위한 감쇠율입력

카드번호	내용							
C46	BSC	TEMO	HEQT	RKDYE	NCBS	NCBW	NCBE	NCBN
	0	15	0	0.0E+0	0	22	0	0
	염료 감쇠율 입력							

2.3 입력파일

염료모의에 필요한 초기값 DYE.INP 파일과 시계열 파일을 작성하기 위해 포트란 프로그램 MAKE_STDINP.FOR을 이용하여 컨트롤 파일 STDINP.CTL과 격자정보를 갖는 LXLY.OUT 파일을 읽어 들인 후, 염료의 초기분포 파일 DYE.INP, 유량 시계열 파일 QSER.INP, 염료의 시계열 파일 DSER.INP을 생성한다(<표 2.6>). 참고로 염과 온도는 염료와 동일한 파일구조를 가지며 다음 장의 밀도류와 온배수 모의에 사용 되는 바 편의상 본 장에서 제시하였다.

〈표 2.6〉 염료 초기값과 시계열 파일 작성과정

작업내용	염, 온도, 염료, 유동의 초기값과 시계열 파일작성	
작업S/W	Make_STDinp.For	
입력파일	MAKE_STDinp.CTL LXLY.OUT	컨트롤파일 출처 – '1.3 격자정보파일'
출력파일	DYE.INP SAL.INP TEM.INP	사용 – 초기값 (염료) 사용 – 초기값 (염) 사용 – 초기값 (온도)
	QSER.INP DSER.INP SSER.INP TSER.INP	사용 – 시계열 (유량) 사용 – 시계열 (염료) 사용 – 시계열 (염) 사용 – 시계열 (온도)

2.3.1 설정

컨트롤 파일 MAKE_STDinp.CTL에서는 1개의 입력파일 LXLY.INP와 염, 온도, 염료 3개의 초기값 출력파일 그리고 염, 온도, 염료, 유량 4개의 시계열 출력파일의 이름을 포함하여 관련 자료를 다음과 같이 입력한다.

① IFLAG는 파일 작성 가부에 대한 지시자로 1이며 가, 0이면 부의 의미이며, 1에서 3 (염, 온도, 염료) 중 하나라도 1 이상이면, 4 (유량)는 반드시 1이상이여야 한다.

② 초기값 SALINT, TEMINT, DYEINT은 계산 시작시 계산영역의 모든 격자에 주어지며, 본 테스트 모델에서는 DYEINT=10으로 설정하였으나, 실제 관측 자료가 있는

경우, 사용자가 직접 공간분포를 작성하고 이로부터 격자별 농도값을 추출하여 입력하며 이 과정은 '1.5 수심작업'의 수심도로터 수심 분포를 추출하는 과정과 동일하다.

③ ISTYP는 시계열 자료를 표시하는 방법으로서 0일 경우 시간과 층별(K=1 to KC) 자료를 모두 제시하고, 1일 경우 분율(WKQ)과 표층(K=KC)자료 만 제시하고 나머지 아래 층의 값은 층마다 일정한 분율을 곱하는 형태로 산정한다.

④ NCSER과 NQSER은 염, 온도, 염료, 유량 각각의 시계열 셋트 수이며, MCSER과 MQSER은 셋트를 구성하는 자료의 수를 의미한다. 예를 들어, 30분 간격 1일과 30일 자료의 수는 각기 48개와 1440개가 된다.

⑤ SALTMSR, TEMTMSR, DYETMSR, QTMSR은 시계열 자료에 입력되는 값으로 편의상 상수로 가정하였으며 염료의 경우, 하천 · 오폐수 정점에 100, 개방경계에 10 그리고 하천 · 오폐수 정점에서 유량은 10으로 입력하였다. 실제 현장 관측 자료가 있는 경우 사용자가 시간에 따른 변동값을 EFDC가 요구하는 파일구조에 맞추어 작성하여야 한다.

⑥ TBEGIN은 모의가 시작되는 시간으로 EFDC.INP C18에서 설정되며 여기서는 시계열 자료 설정시 사용된다.

⑦ WKQ는 1개의 격자에 주어지는 총량의 층별 분율을 지시한다. 4개의 줄은 각기 염, 온도, 염료, 유량을 지시하며, 각 줄에서 5개의 값은 저층에서 표층의 순서로 입력되는 WKQ를 지시한다. 본 예제에서는 5개 층으로 구성되었기 때문에 1부터 5까지 제시된다.

Make_STDinp.ctl

```
INPUT FILE NAME1    : LXLY.INP                ! 입력파일
OUTPUT FILE NAME1   : SALT.INP
OUTPUT FILE NAME2   : TEMP.INP
OUTPUT FILE NAME3   : DYE.INP                 ! 초기값 출력파일
OUTPUT FILE NAME4   : SSER.INP
OUTPUT FILE NAME5   : TSER.INP
OUTPUT FILE NAME6   : DSER.INP
OUTPUT FILE NAME7   : QSER.INP                ! 시계열 출력파일
C
C  IMAX     JMAX     KMX      LC
   50       40       5        840
① 1 SAL    2 TEM    3 DYE    4 Q              ! IFLAG if 1 - yes, 0 - no
   0        0        1        1
② SALINT   TEMINT   DYEINT                    ! initial con. S, T, D
   0.0      0.0      10.0                      ! ISTYP =0 전층 표시, =1 표층 x WKQ 분율로 표시
③ ISTYP    TCQSER   TAQSER   RMULADJ   ADDADJ   ICHGOS
   1        86400    0        1         0        0
④ NCSER1   NCSER2   NCSER3   NQSER            ! NC(Q)SERS - 시계열 셋트 수 S, T, D, Q
   0        0        2        1
⑤ MCSER(NCSER1,5)                             ! NCSER1 - Sal, 시계열 구성 자료의 수
   1440     1440     0        0        0      ! 예, 30분간격 1일 - 48개, 3일 - 1440개
C  MCSER(NCSER2,5)                            ! NCSER2 - Tem, 시계열 구성 자료의 수
   1440     1440     0        0        0
C  MCSER(NCSER3,5)                            ! NCSER3 - Dye, 시계열 구성 자료의 수
   1440     1440     0        0        0
C  MQSER(NQSER,5)                             ! NQSER  - Q,  시계열 구성 자료의 수
   1440     1440     0        0        0
C  SALTMSR                                    ! SAL 시계열 상수값
     0        0      0        0        0
C  TEMTMSR                                    ! TEM 시계열 상수값
     0        0      0        0        0
C  DYETMSR                                    ! DYE 시계열 상수값
    100.      10.    0        0        0      ! 1- 하천오폐수 정점, 2-개방경계
C  QTMSR                                      ! Q 방류량 시계열 상수값
    10.0      0.     0        0        0
⑥ TBEGIN                                      ! starting time in day TBEGIN C18 (EFDC.INP)
    70.0
⑦ WKQ                                         ! WKQ (4, KMAX)
     1.0      1.0      1.0      1.0      1.0  ! SAL
     1.0      1.0      1.0      1.0      1.0  ! TEM
     1.0      1.0      1.0      1.0      1.0  ! DYE
     0.0      0.0      0.0      0.0      1.0  ! Q
```

2.3.2 초기입력파일

DYE.INP 파일은 염료의 초기분포 정보를 제공하며 ISTYP를 통해 자료의 구조를 결정한다. ISTYP가 0일 경우 저층에서 표층까지 층의 순서에 따라 염료 농도가 입력된다. 이때 자료의 순서는 DXDY.INP, LXLY.INP 파일에서 설정된 격자의 순서를 따른다. ISTYP가 1일 경우 L, I, J와 저층에서 표층까지 층의 순서에 따라 염료 농도가 입력된다. 이때 L은 격자의 순서이며 DXDY.INP, LXLY.INP 파일에서 설정된 순서와 동일하다. 참고로 염과 온도의 초기 분포파일은 염료 초기분포 파일과 동일한 형식을 갖는다.

DYE.INP

```
C    DYE.inp Initial Condition FILE
C
C    ISTYP  0 - ParamVal(1,KC)
C           1 - L, I, J, ParamVal(1,KC)
            0                                        ISTYP=0
            10.0    10.0    10.0    10.0    10.0
            10.0    10.0    10.0    10.0    10.0
C    ISTYP 1 - L, I, J, ParamVal(1,KC)
            1                                        ISTYP=1
            2       6       5       10.0    10.0    10.0    10.0    10.0
            3       7       5       10.0    10.0    10.0    10.0    10.0
```

2.3.3 염료시계열파일

DSER.INP는 염료의 시계열 입력파일로서 파일의 구조는 다음과 같다. C로 시작되는 줄은 설명문이고, 그 아래에는 EFDC.INP C22에서 지정된 염료 시계열 세트 수 만큼 자료가 동일한 구조로 되풀이된다. 자료의 첫줄은 6개의 변수로 구성되며 다음 줄은 시계열 자료의 수 만큼 시간과 층별 염료 농도로 구성된다. 참고로 염과 온도의 시계열 입력파일은 염료와 시계열 입력파일과 동일한 형식을 갖는다.

6개 변수는 다음과 같다: - ISTYP은 시계열 형식지시자, MCSER은 시계열 자료의 수, TCCSER는 초단위 시간변환계수, TACSER은 시간 변환 전 추가시간, RMULADJ은 농도 변환계수, ADDADJ은 농도 변환전 추가농도이다. ISTYP이 0이면 MCSER 1440개의 시간에서 모든 층의 농도 값을 가져야한다. 본 예제에서 염료시계열은 두 가지인데 첫째는 오폐수 방류 두 번째는 개방경계에 주어진다. 첫째 시계열의 경우 70.0일부터 30일 동안 30분 간격으로 저층에서 표층의 순서로 5개의 층에서 일정하게 100 이란 값을 갖도록 가정한 반면, 두 번째에서는 동일시간에 10의 값을 입력하였다. 한편, ISTYP가 1이면 아래에 한 줄을 추가하여 층별 가산계수를 입력하였고, 그 아래는 ISTYP가 0인 경우와 동일한 시간에 걸쳐 염료농도를 갖도록 하였다. 다만 염료농도는 층별 값이 아니라 하나의 대표 값을 입력하도록 하였으며, 층별 염료농도는 대표 값에 층별 가산계수를 곱하여 입력되도록 되어있다.

DSER.INP

```
C  ISTYP,    MCSER,   TCCSER,   TACSER,   RMULADJ,  ADDADJ
    0        1440     86400.0   0.0       1.0       0.0      1st NCSER
  70.0000    100.0    100.0     100.0     100.0     100.0
  70.0208    100.0    100.0     100.0     100.0     100.0
    .
  99.9792    100.0    100.0     100.0     100.0     100.0
    0        1440     86400.0   0.0       1.0       0.0      2nd NCSER
  70.0000    10.0     10.0      10.0      10.0      10.0
  70.0208    10.0     10.0      10.0      10.0      10.0
    .
  99.9792    10.0     10.0      10.0      10.0      10.0

C  ISTYP,    MCSER,   TCCSER,   TACSER,   RMULADJ,  ADDADJ
    1        1440     86400.0   0.0       1.0       0.0      1st NCSER
    1.00     1.00     1.00      1.00      1.00               WKQ
  70.0000    100.0
  70.0208    100.0
    .
  99.9792    100.0
    1        1440     86400.0   0.0       1.0       0.0      2nd NCSER
    1.00     1.00     1.00      1.00      1.00               WKQ
  70.0000    10.0
  70.0208    10.0
    .
  99.9792    10.0
```

2.3.4 유량시계열파일

유량 시계열 파일 QSER.INP는 오폐수 유입에만 해당된다고 가정하였기 때문에, DSER.INP 염료 시계열 파일과는 다르게 개방경계에서는 적용되지 않았음에 주의가 필요하다. 유량 시계열 파일은 염료 시계열 파일과 동일한 형식을 가지며, 오폐수가 표층으로만 유입된다고 가정하고서, 이를 다음과 같이 설정하였다. ISTYP가 0일 경우 표층을 지시하는 마지막 열에서 유입량 10 m^3/s을 입력하였고 나머지 층에서는 0 m^3/s으로 입력한 반면, ISTYP가 1일 경우 WKQ는 표층에서만 1이고 나머지 층에서는 0으로 입력하는 형식을 취하였다.

QSER.INP

C

0 1440	86400.0	0.0	1.0	0.0	0	ISTYP = 0
70.0000	0.0	0.0	0.0	0.0	10.0	
70.0208	0.0	0.0	0.0	0.0	10.0	

C

1 1440	86400.0	0.0	1.0	0.0	0	ISTYP = 1
0.00	**0.00**	**0.00**	**0.00**	**1.00**		**WKQ (표층 1)**
70.0000	10.0					
70.0208	10.0					

2.4 모의결과

모의실행 결과를 출력하는 방법으로는 덤프파일, 시계열 출력, EE 이용을 위한 바이너리 파일 형식 등이 있고 자세한 내용은 '1.6.3 출력조건'에 설명되어있다. 본 장에서는 EE를 이용하여 삼차원 유속구조와 염료의 이차원과 삼차원 분포를 그림으로 작성하는 요령을 제시하였다.

2.4.1 유속

가. 수평방향

예제 TEST BASIN의 층별 유속구조는 '1.7.2 EFDC Explorer'에서 설명한 바와 같으나 다만 화면의 우측 상단 'Layer Settings'에서 수심평균 혹은 특정 층을 선택할 수 있다. <그림 2.2>는 저층 <그림 2.3>은 표층의 유속분포이며 저층의 유속벡터는 표층에 비해 작은 것을 볼 수 있다.

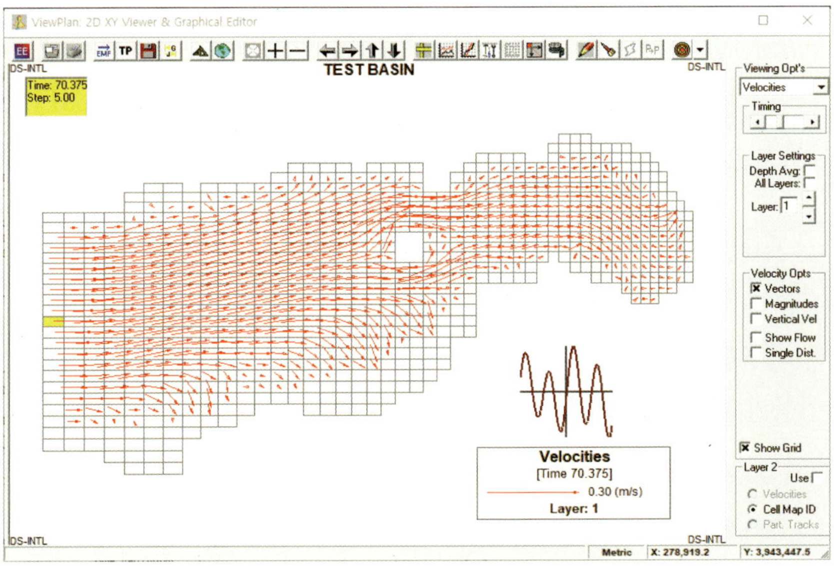

〈그림 2.2〉 저층 유속분포

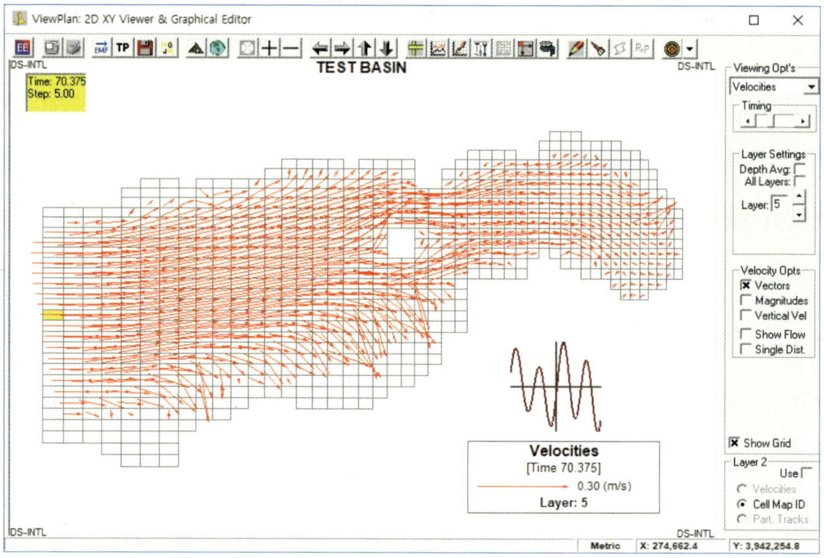

〈그림 2.3〉 표층 유속분포

나. 연직방향

수평방향이 아닌 연직방향에서 유속이나 수질의 분포를 보고자 할 경우 EE의 시작화면 하단 'Post Processing Options'의 우측하단 'Profile Location Option'에서 DRAPE LINE 혹은 I, J 중 하나를 선택하고 번호를 입력할 수 있다(<그림 2.4>). 만일 J를 선택하고 29를 입력하면 시점(1, 29)에서 종점(50, 29)을 연결하는 라인(<그림 2.5>의 상단 직선)을 선택하였음을 의미한다. 반면에 DRAPE LINE은 I, J방향의 직선이 아니라 <그림 2.6>의 하단과 같은 곡선을 선택할 경우 이용한다. 다음 단계로 시작화면 상단의 우측 끝 'Viewprofile Viewer' 아이콘을 클릭한다. 이때, DRAPE LINE을 선택하였다면 곡선좌표를 지시하는 .P2D 형식의 파일을 읽어 들이고, I, J 좌표를 선택하였다면 곧바로 <그림 2.7>의 'EFDC Profiler' 팝업창이 나타날 것이다.

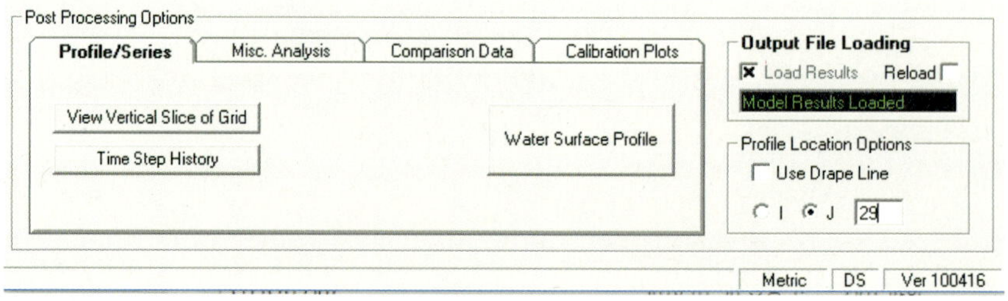

〈그림 2.4〉 EFDC 메인화면 하단 후처리 선택옵션

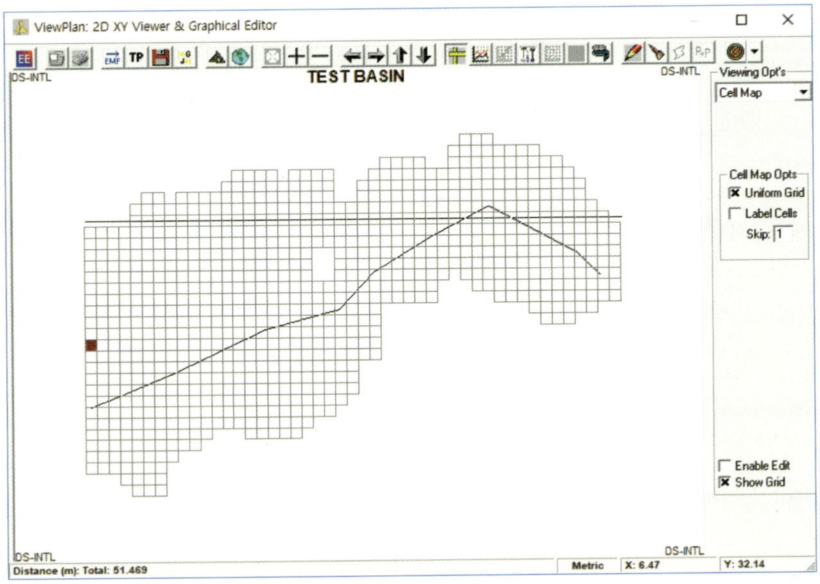

〈그림 2.5〉 DRAPE LINE(하단곡선)과 I,J(상단직선) 선택

〈그림 2.6〉 EE 메인화면 주요 기능 아이콘(우측 끝– 'Viewprofile Viewer')

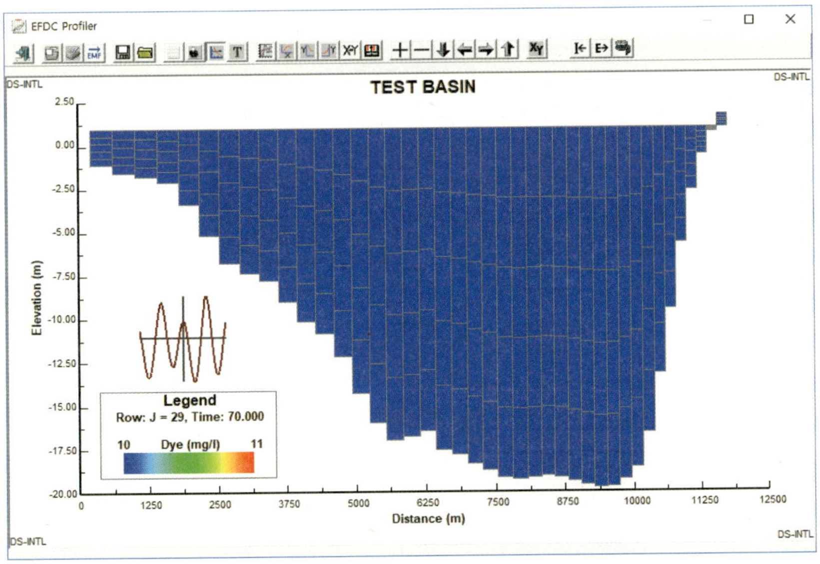

〈그림 2.7〉 EFDC Profiler 시작화면

'EFDC Profiler' 팝업창 상단 좌측 끝에서 우측으로 11번째 아이콘은 'Parameter Display Option'을 제공하며 'Profile Options' 팝업창이 <그림 2.8>와 같이 나타나며 유속과 수질 항목에 대한 다양한 옵션을 선택할 수 있다. 유속을 보여주고자 할 경우 'Profile Options' 화면 좌측 'Parameters'에서 'Velocities'를 'Options'의 'Vertical Exageration'에 100을 입력하고, 'Vector Options'을 클릭한 후 '1.7.2 EFDC Explorer'에서 설명한 바와 같이 벡터 형식을 설정하고 'OK'를 선택하면, <그림 2.9>과 같이 연직방향 층별 유속 벡터도를 볼 수 있

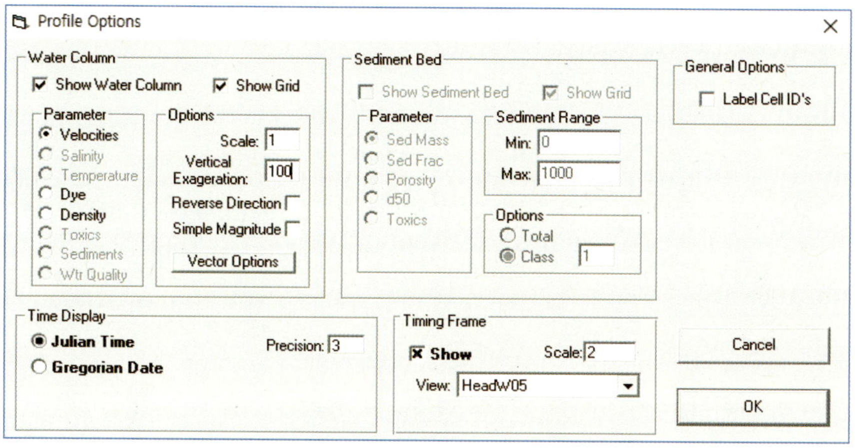

〈그림 2.8〉 연직방향 유속분포 옵션

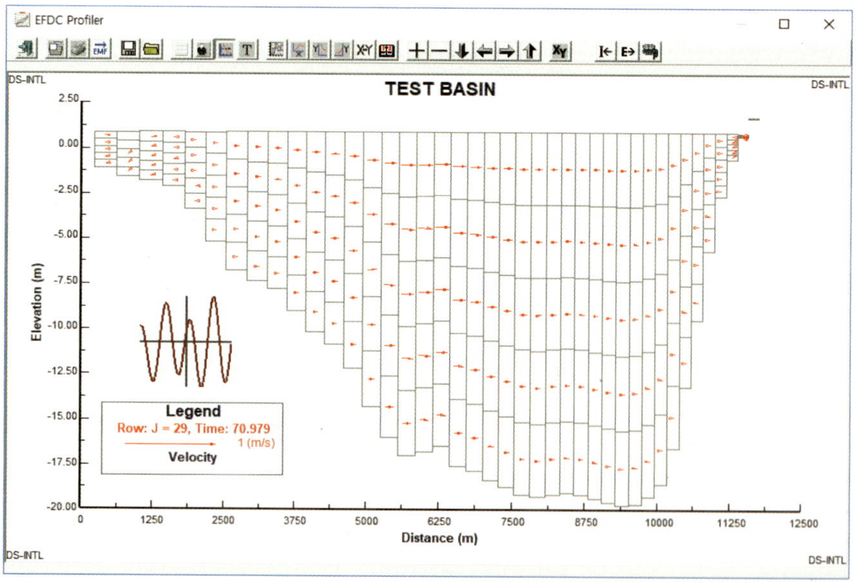

〈그림 2.9〉 연직방향 유속분포

다. 다만, 공개된 EE 버전에서는 일부 기능을 제한적으로 사용할 수 있다. 수평 방향 유속과 수질의 경우 시간조정은 사용자 편의대로 조정할 수 있으나 연직 방향에서는 동화상으로 확인 할 수 있다. 동화상은 'EFDC Profiler' 팝업창 상단의 우측 끝에 위치한 아이콘에 마우스를 위치시키면 'Generate Animation to AVI' 이라는 안내글이 나타나고 이를 선택하여 동화상을 생성시킨 후 이를 이용하여 확인 혹은 발표시 사용할 수 있다.

2.4.2 염료

가. 수평방향

예제 TEST BASIN의 층별 염료농도 분포는 'ViewPlan' 화면 우측 상단 'Viewing Opt's'에서 'Water Column'과 'Other'를 선택하고, 'Layer Settings'에서 수심평균 혹은 특정 층을 선택하면, <그림 2.10>은 저층 <그림 2.11>는 표층의 염료 분포이며 저층은 표층에 비해 분포 범위가 다소 작은 것을 볼 수 있다.

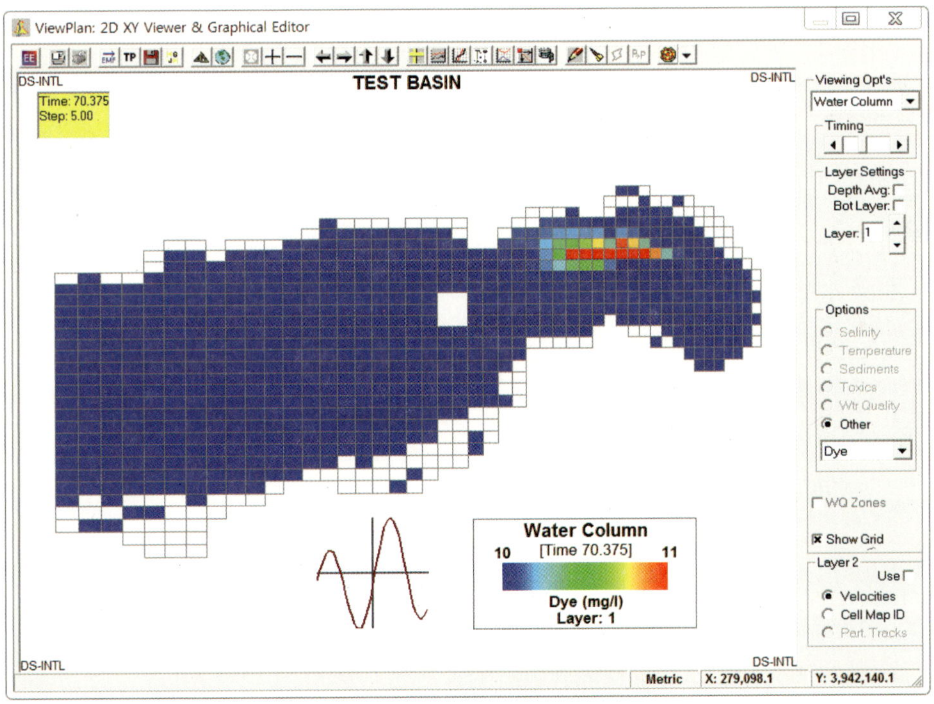

〈그림 2.10〉 저층 염료농도 분포

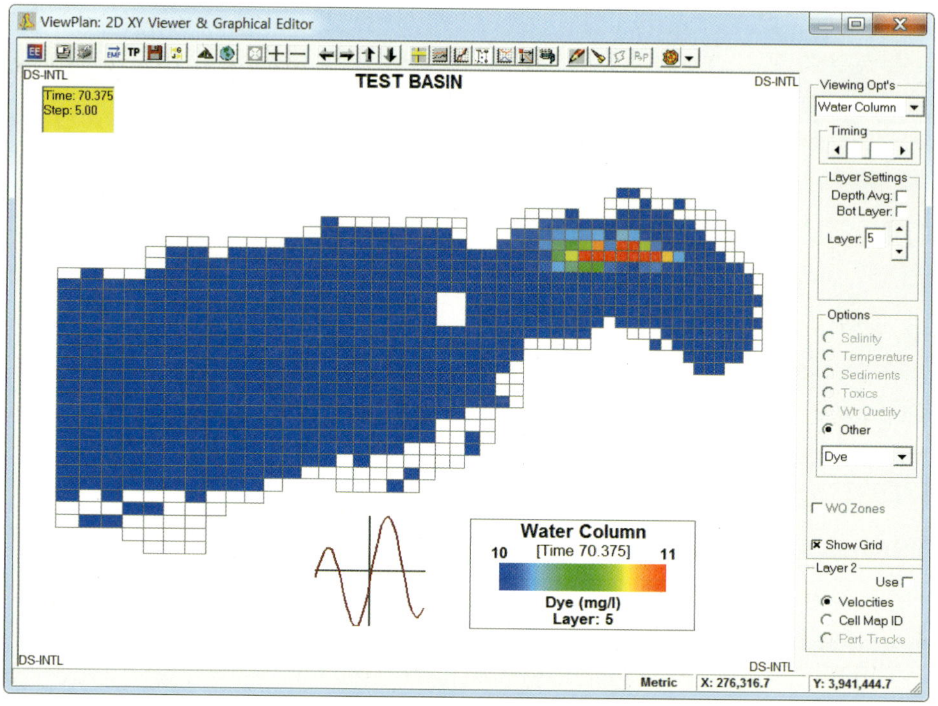

〈그림 2.11〉 표층 염료농도 분포

나. 연직방향

연직방향의 염료 분포를 보여주고자 할 경우 'Profile Options' 화면 좌측 'Parameters'에서 'Dye'와 'Water Range'의 염료의 기준값 'Blue'과 최대값 'Red'을 입력한다. 본 예제에서는 염료의 초기값과 개방경계 농도가 10 mg L^{-1} 인 만큼 최소 염료농도 기준을 10으로 설정하였으며, 방류로 인한 염료농도가 1 이상 큰 범위를 확인하기 위해 최대값 11 mg L^{-1}을 설정하였다(<그림 2.12>). 만일 10이상 큰 범위를 보고자 한다면 최대값을 20 mg L^{-1}으로 설정하여야 한다. <그림 2.13>은 연직방향 염료의 분포이며 유속과 마찬가지로 연직방향분포는 동화상으로 확인할 수 있다.

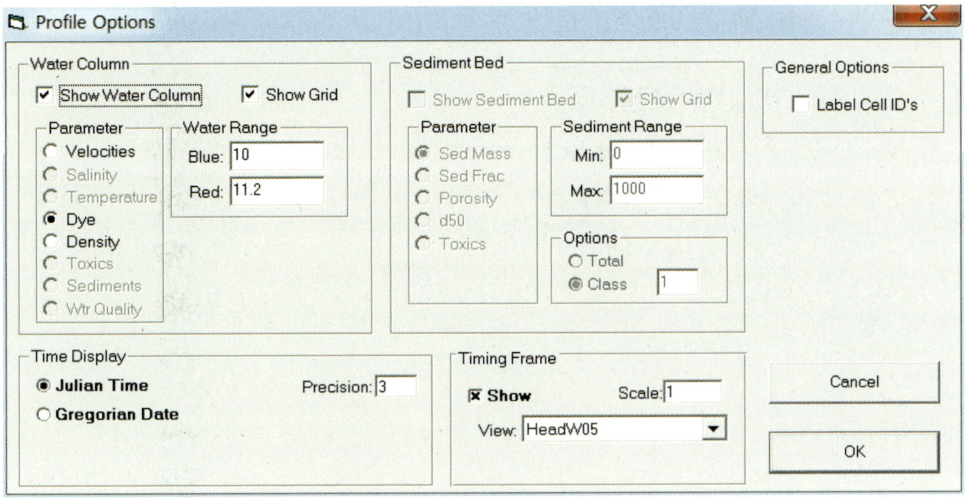

〈그림 2.12〉 연직방향 염료분포 옵션

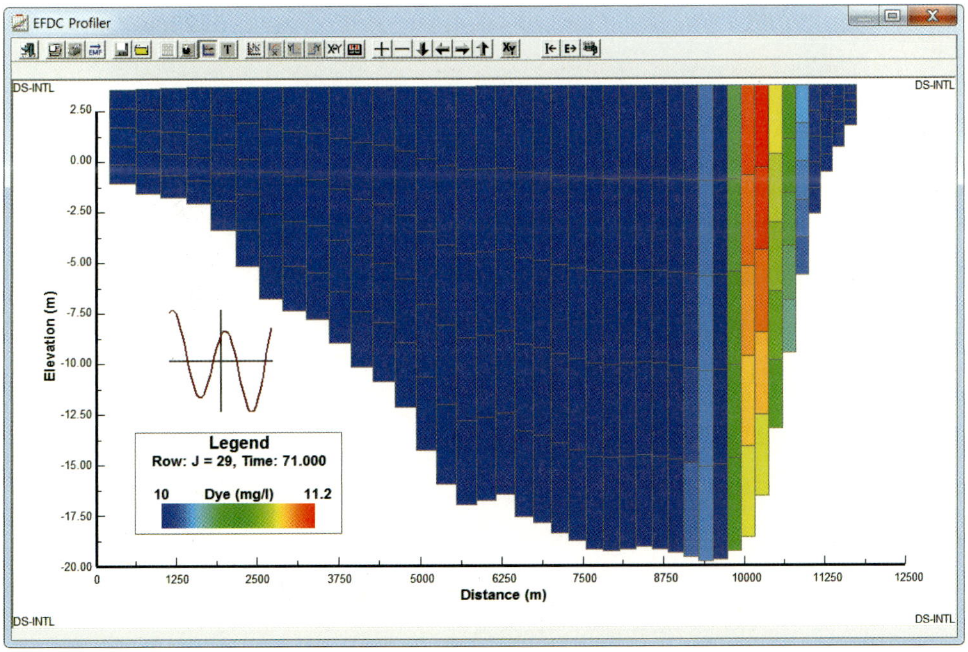

〈그림 2.13〉 연직방향 염료분포

2.5 연습문제

예제 1) 공장오폐수 방류시 COD 수치모의

- 오염물은 점오염원 형태로 I, J 좌표(24, 30)의 저층에서 일정하게 유량 10 m^3/s, 농도 100 mg L^{-1}로 유출된다. COD는 염료라 가정하고 개방경계와 초기조건에서 오염물의 농도는 영으로 가정하고서 15일 동안 오염물의 농도분포를 모의하시오.

예제 2) 지형 변화시 오염물 수치모의

- 부두, 물양장, 방파제 등의 공사로 인해 지형변화가 발생하였고 이로 인해 유속과 오염물 이동의 영향을 파악하기로 한다. 지형변화는 부두 건설로 인해 격자 (24, 30)의 서측과 남측 그리고 격자 (25, 30)의 남측이 폐쇄되었다고 가정한다. 나머지 조건은 예제 1)과 동일하며 이때의 유속과 오염물의 농도분포를 모의하시오.

- 지형변화는 MASK.INP 파일을 이용하여 조정할 수 있다. EFDC.INP의 C9 'ISMASK'를 0에서 1로 수정하면 MASK.INP 파일을 읽어 들인다. 파일의 구조는 C로 시작되는 설명문 다음 줄에 자료 수를 지정하는 값이 하나 주어지고 다음 줄 부터는 I, J와 마스킹 속성값으로 구성된 3개 정수값이 자료의 수 만큼 입력된다. 마스킹 속성값에는 3가지가 있고 1은 서측, 2는 남측 그리고 3은 서측과 남측을 폐쇄함을 지시한다.

```
MASK.INP

C  I      J      MTYPE
C
   3
24 30 1
24 30 2
25 30 2
```

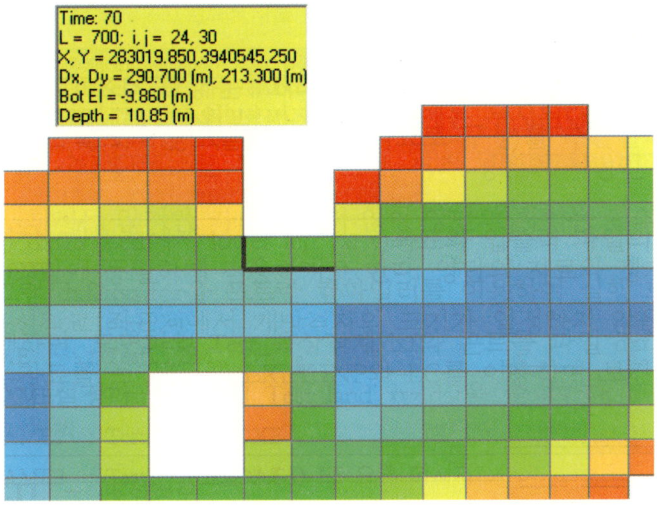

〈그림 2.14〉 MASKING 표시(굵은선-해안구조물 지시)

예제 3) 도시하수 방류시 대장균 농도 수치모의

- 오염물은 점오염원 형태로 I,J 좌표(25, 30)의 표층에서 유량 10 m^3/s, 농도 100 mg L^{-1}로 유입된다. 방류시기는 오염물의 만 내 체류시간을 감소시키기 위해 창조시에는 방류하지 않고 낙조시에만 방류한다고 가정한다. 대장균은 염료이며, 개방경계와 초기조건에서 오염물의 농도는 영으로 가정하고, 아울러 대장균은 하루에 10%씩 자연 감소한다고 가정하고서 15일 동안 대장균의 농도분포를 모의하시오.

- 방류량 QSER.INP과 오염물 농도 시계열 DSER.INP 파일에서 낙조시 시간을 확인하여 방류량과 농도를 입력하여 작성한다. 이때 조석은 EFDC.INP의 C84와 C87에서 시계열 자료 출력 조건을 조정하여 얻은 'SELTS01.OUT'로부터 회득할 수 있다. 작업과정은 '1.6.3 출력조건'에서 설명되어있고, 자료는 'EXCEL' 등을 이용하여 간단하게 편집할 수 있다.

- 대장균의 소멸계수는 일일 10%를 고려하여 EFDC.INP C46의 'RKDYE'으로 입력할 수 있다.

제3장 수온 · 염분 모의

밀도는 수온, 염분, 압력의 상태함수로서 비선형 특성을 가지며, 하천, 저류지, 연안역 하구에서 하계 높은 수온이나 많은 양의 담수방류로 인해 플름이나 밀도류가 만들어 지고 이는 주변 해역의 수질과 생물에게 많은 영향을 미친다. 본 장에서는 앞 장에서 학습한 이차원과 삼차원 유동모의와 수질모의에 필요한 초기값 및 시계열 입력파일을 이용하는 요령을 바탕으로 임의로 작성한 가상의 소규모 하구에서 수온, 염분을 모의하고 부력에 의한 밀도류와 성층을 재현하는 방법을 학습하고자 하였다.

3.1 실험하구

가상의 실험하구는 일차적으로 연직방향의 유동특성에 집중하는 만큼 수평방향의 공간은 최소화하였다. 하구는 길이방향으로 10 km, 횡방향으로 600 m, 연직방향으로는 개방경계에서 내측으로 향하면서 20, 10, 2 m의 수심을 갖도록 하였다. 중간은 평행하고 양 측은 경사를 갖도록 하였다. 격자구조는 횡방향(I), 길이방향(J), 연직방향(K) 으로 각기 3, 52, 10 개가 된다. 횡방향에서 1과 3번 격자는 폐쇄 경계의 마른격자로서 실제 계산은 중앙의 2번 젖은격자에서만 실행된다(<그림 3.1>). 격자크기는 횡방향과 길이방향에서 동일하게 200 m이며 연직방향으로는 조시에 관계없이 일정한 분율을 갖는 시그마 좌표계를 적용하였다(<그림 3.2>). 개방경계에서 조석은 주요 4대 분조 가운데 편의상 M2 분조만 고려하였으여 진폭은 1 m로 입력하였다.

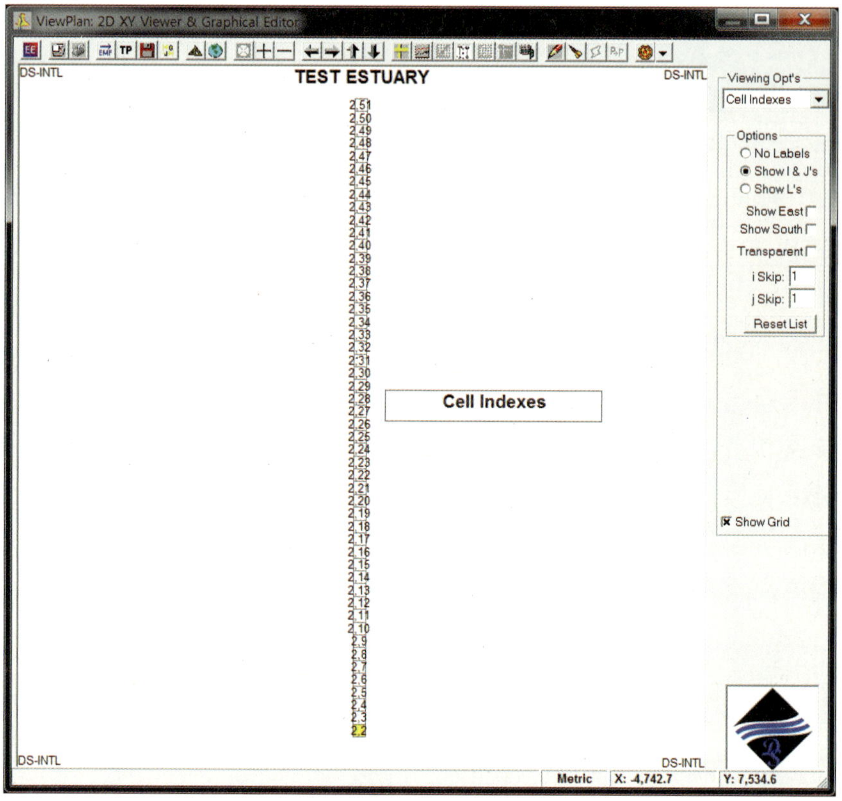

〈그림 3.1〉 실험하구 수평방향 격자구성

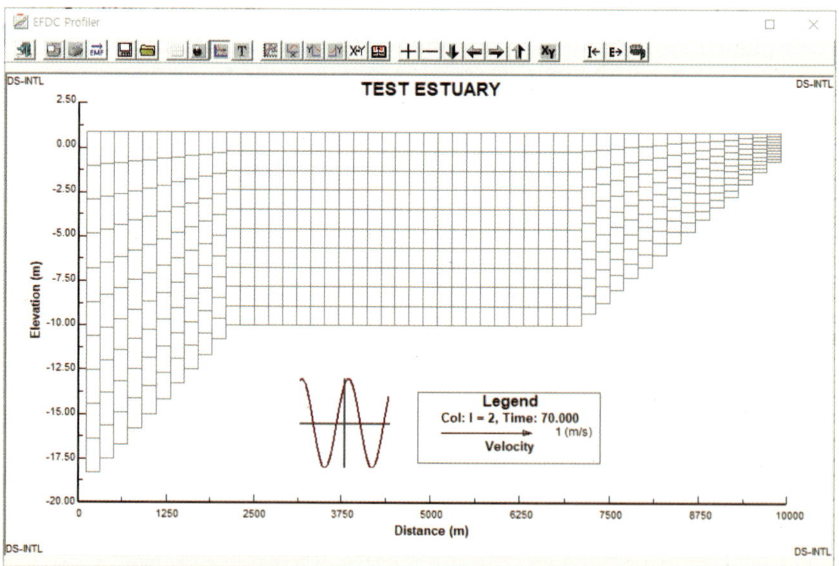

〈그림 3.2〉 실험하구 연직방향 격자구성, 수심 및 초기 수위

3.2 컨트롤파일

본 예제의 수온 · 염분모의에 필요한 최소한의 자료는 EFDC.INP와 초기 및 시계열 입력파일이며, 컨트롤 파일 EFDC.INP에는 기초항목, 조석과 수질의 개방경계조건, 점오염원 그리고 결과 출력 부분으로 구성된다(<표 3.1>). 초기 및 시계열 입력파일은 포트란 프로그램 MAKE_STDinp.FOR을 이용하여 작성한다.

〈표 3.1〉 EFDC.INP 최소 입력 내용과 입출력 파일

분류	카드번호	내용	입출력 파일
기초항목	C2 C6 C7-C10	실시간 결과 모니터링 수온염분 초기분포 모의시간, 시간간격, 격자구성	SHOW.INP SAL.INP, TEM.INP
조석개방경계	C14-C21	조석경계	
점오염원	C22-C26	염분시계열 수온시계열 유량시계열	SSER.INP TSER.INP QSER.INP
수질개방경계	C46-C66	염분시계열 수온시계열	SSER.INP TSER.INP
출력조건	C70 C71-C73 C82-C83 C84, C87	덤프파일출력 유속, 조위출력 조석조류 조화분석 정점 시계열출력	.ASC .OUT LSHA.OUT .OUT

3.2.1 모의항목

C2 : 모델 실행시 계산결과를 실시간으로 확인하기 위해서는 EFDC.INP C2에서 ISHOW를 1로 설정할 필요가 있다. ISHOW가 1이면 SHOW.INP를 읽어 모니터링 되는 격자의 좌표(I, J), 보여주는 항목과 시간간격을 설정하게 된다.

```
C2 RESTART, GENERAL CONTROL AND AND DIAGNOSTIC SWITCHES

ISRESTI ISRESTO ISRESTR IS_SEDZLJ ISLOG ISDIVEX ISNEGH ISMMC ISBAL IS2TIM
   0       0       0        0       0      0       0      0     0     1
ISHOW  ISTIMING
  1       1
```

SHOW.INP

```
*  SHOW.INP FILE, IN FREE FORMAT ACROSS LINE
*  NSTYPE    NSHOWR    ISHOWC    JSHOWC
*  ZSSMIN    ZSSMAX    SSALMAX
*
      5       440       2    18    22                 : 격자의 I, J,  출력시간 간격
   -500       500       35
```

3.2.2 기초항목

C6 : 항목별 모의실행 여부는 ISTRAN으로서 1이면 가(yes), 0이면 부(no)이며 난류강도는 층이 2개 이상 일 때 자동 선택된다. 염분의 경우 ISTOPT는 0과 1이상 두 가지를 선택할 수 있고, 0일 경우 초기값 파일 SALT.INP를 읽지 않고 초기값 0으로 설정하고, 1 이상일 경우 SALT.INP 파일을 읽어 초기값으로 설정한다. 온도의 경우 ISTOPT는 0에서 4까지 총 5가지이며 0인 경우 이류확산 만을 고려하는 방법인데 본 예제에서는 편의상 0을 선택하였고, 대기 및 저면과의 열교환은 다음 장에서 다루기로 하였다.

SHOW.INP

```
C6  ISTRAN  ISTOPT  ISCDCA  ISADAC  ISFCT  ISPLIT  ISADAH  ISADAV  ISCI  ISCO
     1       0       0       1       1      0       0       0       0     0    !TURB 0
     1       1       0       1       1      0       0       0       0     0    !SAL  1
     1       0       0       1       1      0       0       0       0     0    !TEM  2
     0       0       0       1       1      0       0       0       0     0    !DYE  3
     0       0       0       1       1      0       0       0       0     0    !SFL  4
     0       0       0       1       1      0       0       0       0     0    !TOX  5
     0       0       0       1       1      0       0       0       0     0    !SED  6
     0       0       0       1       1      0       0       0       0     0    !SND  7
     0       0       0       1       1      0       0       0       0     0    !CWQ  8
```

C7 : NTC는 일 단위의 모의기간이며 NTSPTC는 기준시간(TREF, 1일=86400s) 내 시간 간격(Δt=5s)의 횟수(=TREF/Δt =86400/5= 17280s)이다.

C8 : TCON은 시간변환계수 (=86400s), TBEGIN은 모의 시작시간으로 일단위이다.

C9 : IC와 JC는 I와 J 방향 최대격자수, LC는 계산격자수+2, LVC와 LDM은 계산격자 수이다.

C10 : K는 층 번호이며 DZC는 무차원 층두께이며 모든 층의 합은 1이 된다.

〈표 3.2〉 EFDC.INP 기초항목 입력

카드번호	내용
C7	NTC NTSPTC NLTC NTTC NTCPP NTSTBC NTCNB NTCVB NTSMMT 1 17280 0 0 10 0 29 0 3600 NFLTMT NDRYSTP 1 10
	모의기간, NTSPTC=TREF/Δt, Δt=TREF/NTSPTC)
C8	TCON TBEGIN TREF CORIOLIS ISCORV ISCCA ISCFL ISCFLM DTSSFAC 86400 0 86400 4.048E-05 0 0 1 0 0
	TBEGIN－모의시작 시간 (예, 0.5는 1월 1일 정오 12시 00분)
C9	KC IC JC LC LVC ISCO NDM LDM ISMASK ISPGNS NSHMAX NSBMAX 10 3 52 40 38 1 1 38 0 0 0 0 WSMH WSMB 0.0625 0.0625
	격자구조
C10	K DZC 1 0.1 ! 저층 2 0.1 : 10 0.1 ! 표층
	K － 층 번호, DZC － 무차원 층두께, 모든 층의 합은 1

3.2.3 개방경계

C14 : 조석 조화성분의 수이며,

C15 : 조화성분의 이름과 주기(sec),

C16 : 유동 개방경계의 격자수, 조석강제 함수의 수 그리고 초기해수면을 지시한다.

C17 : 조석강제함수의 번호, 조화성분 이름, 진폭(m), 지각(sec)을 지시한다.

C18 – C21 : 남, 서, 동, 북측 순서의 개경계 I, J 좌표 및 조석조건을 지시하며, NPFORS는 C17의 NPFOR에서 지정된 조석강제함수의 번호이며 이를 서측 경계의 22개 격자(IPBS, JPBS)에 순서에 따라 각기 다르게 적용된다는 의미한다. 한편, C17에서 C21은 본 장에서 제공하는 포트란 프로그램 Make_ OBC.for을 이용하여 다음 단계에서 작성한다.

〈표 3.3〉 EFDC.INP 조석 경계 입력

<table>
<tr><th>카드번호</th><th>내용</th></tr>
<tr><td rowspan="2">C14</td><td>MTIDE NWSER NASER ISGWI ISCHAN ISWAVE ITIDASM ISPERC ISBODYF
1 0 0 0 0 0 0 0 0
ISPNHYDS
0</td></tr>
<tr><td>조석 조화성분의 수</td></tr>
<tr><td rowspan="2">C15</td><td>SYMBOL PERIOD
'M2' 44714.16</td></tr>
<tr><td>조화성분 이름과 주기(sec)</td></tr>
<tr><td rowspan="2">C16</td><td>NPBS NPBW NPBE NPBN NPFOR NPFORT NPSER PDGINIT
0 22 0 0 22 0 0 0</td></tr>
<tr><td>유동 개방경계 격자수, 조석강제 함수의 수, 초기해수면</td></tr>
<tr><td rowspan="2">C17</td><td>NPFOR SYMBOL AMPLITUDE PHASE
1 'M2' 2.0820000 9489.33984
2 'M2' 2.0820000 9489.33984
.
22 'M2' 2.0820000 9489.33984</td></tr>
<tr><td>조석강제함수 번호, 조화성분 이름, 진폭(m), 지각(sec)</td></tr>
<tr><td rowspan="2">C18-C21</td><td>IPBS JPBS ISPBS NPFORS NPSERS TPCOORDS
IPBW JPBW ISPBW NPFORW NPSERW TPCOORDW
2 7 0 1 0 0
2 8 0 2 0 0
.
2 28 0 22 0 0
IPBE JPBE ISPBE NPFORE NPSERE TPCOORDE
IPBN JPBN ISPBN NPFORN NPSER TPCOORDN</td></tr>
<tr><td>남, 서, 동, 북측 개경계 I, J 좌표 및 조석조건</td></tr>
</table>

3.2.4 농도 · 유량

가. 점오염원

C22 : 농도 시계열 셋트의 수이며, 염분 NCSER1은 2개, 온도 NCSER2는 1개로 지정하였다. 실험하구 모델에서 하천 1개 격자 (C24)와 남측 개방경계 1개 격자(C52) 2곳에 염분 시계열을 적용하였고 수온 시계열은 하천과 개방경계에 동일한 값으로 적용하였다.

C23 : NQSIJ는 하구를 통해 일정하게 담수가 유입되는 정점의 수이며, NQSER은 유량의 유 · 출입 시계열 셋트의 수이다.

C24 : IQS와 JQS는 하구 격자의 I, J(2, 51), QSSE는 I, J 격자에 할당된 방류량으로 값이 일정한 경우 상수(m^3/s)로 주어지며, 방류량 시계열 셋트가 있다면 IQSERQ(=1)는 I, J 격자에 할당된 방류량 시계열 번호(ID number)이며 이때 QSSE는 무시된다. 한편, ICSER1과 2는 I, J 격자에 할당된 염분과 온도의 농도 시계열 셋트 번호(ID number)를 가리킨다.

C24 : 점오염원의 유량과 농도가 일정한 경우 염, 온도, 염료, 패류난의 농도이다.

C25 : 점오염원의 유량과 농도가 일정한 경우 점착성과 비점착성 퇴적물의 농도이다.

〈표 3.4〉 EFDC.INP 점오염원 입력

카드번호	내용
C22	NTOX NSED NSND NCSER1 NCSER2 NCSER3 NCSER4 NCSER5 NCSER6 NCSER7 0 0 0 2 1 0 0 0 0 0 ISSBAL 0
	농도 시계열 자료의 수
C23	NVBS NUBW NUBE NVBN NQSIJ NQJPIJ NQSER NQCTL NQCTLT NQWR 0 0 0 0 1 0 1 0 0 0 NQWRSR ISDIQ 0 0
	NQSIJ – 점오염원 격자수, NQSER – 유량 시계열 자료수

카드번호	내용
C24	IQS JQS QSSE NQSMUL NQSMFF IQSERQ ICSER1 ICSER2 ICSER3 ICSER4 2 51 0.0 0 0 1 1 1 0 0 ICSER5 ICSER6 ICSER7 QSFACTOR 0 0 0 1.
	I, J, 유량(상수), 유량시계열 셋트번호, 염료 시계열 셋트번호 (밑출친항목)
C25	SAL TEM DYE SFL 0 0 0 0
	점오염원 염, 온도, 염료, 패류난의 농도 (유량 일정할 경우)
C26	SED1 SND1 SND2 SND3 0 0 0 0
	점오염원 퇴적물 농도 (유량 일정할 경우)

나. 농도경계

C46 : BSC는 부력 계산여부를 결정하며 수온, 염분에 따른 부력을 계산하기 위해서는 1로 설정되어야 하며, NCBS, NCBW, NCBE, NCBN는 수질 개방경계의 격자수이다.

C47 : 남측 개방경계 농도를 설정하며, ICBS, JCBS는 I, J(2,2)정점이며, NSSERS, NTSERS는 염분과 온도의 농도 시계열 번호(ID number)로서 본 실험하구 모델에서는 각기 2와 1로 설정함.

〈표 3.5〉 EFDC.INP 농도경계 입력

카드번호	내용
C46	BSC TEMO HEQT RKDYE NCBS NCBW NCBE NCBN 1 15 0 0.0E+0 1 0 0 0
	BSC – 부력계산여부, NCBS, NCBW, NCBE, NCBN – 수질 개방경계 격자수
C47	IBBS JBBS NTSCRS NSSERS NTSERS NDSERS NSFSERS NTXSERS NSDSERS 2 2 360 2 1 0 0 0 0 NSNSERS 0
	남측 농도경계 I, J 좌표 및 항목 별 농도 시계열 번호(ID number)

3.3 입력파일

3.3.1 컨트롤파일

컨트롤 파일 Make_STDinp.ctl에서 초기값과 시계열 지정을 위한 각종 계수를 설정한다. 본 실험하구 모델에서 제공되는 시계열 자료는 염, 온도, 염료, 유량에 한정되며, EFDC에서 사용되는 입출력 파일의 형태를 파악하기 위해 편의상 일정 상수값만 취급하였으며, 실제 시간 변동 자료는 사용자 판단에 따라 작성하여야 한다.

Make_STDinp.ctl에서 염분과 수온의 초기값인 SALINT, TEMINT는 계산 시작시 계산 영역의 모든 격자의 전 층에 주어지며, 본 예제 모델에서는 각기 30과 15 ℃로 입력하였다. 하구 상류인 하천에서 염분과 수온은 각기 0과 15 ℃ 그리고 개방경계에서 염분과 수온은 30과 15 ℃로 일정하게 시계열 파일로 입력하였다.

① IMAX, JMAX, KMX, LC는 격자구조로서 I, J, K는 각기 횡방향, 길이방향, 연직방향 최대격자수이며 LC는 계산이 이루어지는 젖은 격자의 총수에 2를 더한 값이다.

② IFLAG는 파일 작성 가부에 대한 지시자로 1이며 가, 0이면 부의 의미이며, 1에서 3 (염, 온도, 염료) 중 하나라도 1 이상이면, 4 (유량)는 반드시 1이상이여야 한다.

③ 초기값 SALINT, TEMINT, DYEINT는 계산 시작시 계산영역의 모든 격자의 전 층에 주어지며, 본 예제 모델에서는 각기 30, 15 ℃, 0으로 입력하였다.

④ ISTYP는 시계열 자료를 표시하는 방법으로서 0일 경우 시간과 층별(K=1 to KC) 자료를 모두 제시하고, 1일 경우 분율(WKQ)과 표층(K=KC)자료 만 제시하고 나머지 아래 층의 값은 층마다 일정한 분율을 곱하는 형태로 산정한다.

⑤ NCSER1, NCSER2, NCSER3과 NQSER은 염, 온도, 염료, 유량 각각의 시계열 셋트 수이며, MCSER과 MQSER은 셋트를 구성하는 자료의 수를 의미한다. 예를 들어, 30분 간격 1일과 30일 자료의 수는 각기 48개와 1440개가 된다.

⑥ SALTMSR, TEMTMSR, DYETMSR, QTMSR은 시계열 자료에 입력되는 값으로 편의상 상수로 가정하였으며 염료의 경우, 하천 · 오폐수 정점에 100, 개방경계에 10 그리고 하천 · 오폐수 정점에서 유량은 10으로 입력하였다. 실제 현장 관측 자료가 있는

경우 사용자가 시간에 따른 변동값을 EFDC가 요구하는 파일구조에 맞추어 작성하여야 한다.

⑦ TBEGIN은 모의가 시작되는 시간으로 EFDC.INP C18에서 설정되며 여기서는 시계열 자료 설정시 사용된다.

⑧ WKQ는 1개의 격자에 주어지는 총량의 층별 분율을 지시하며 총량에 분율을 곱하여 결정된다. 4개의 줄은 각기 염, 온도, 염료, 유량을 지시하며, 각 줄에서 10개의 값은 저층에서 표층의 순서로 입력되는 WKQ를 지시한다. 본 예제에서는 10개 층으로 구성되었기 때문에 1부터 10까지 제시된다.

■ 초기 및 시계열 작성 프로그램 컨트롤파일

Make_STDinp.ctl

```
INPUT FILE NAME1    : LXLY.INP                  ! 입력파일
OUTPUT FILE NAME1   : SALT.INP
OUTPUT FILE NAME2   : TEMP.INP
OUTPUT FILE NAME3   : DYE.INP                   ! 초기값 출력파일
OUTPUT FILE NAME4   : SSER.INP
OUTPUT FILE NAME5   : TSER.INP
OUTPUT FILE NAME6   : DSER.INP
OUTPUT FILE NAME7   : QSER.INP                  ! 시계열 출력파일
C
① IMAX     JMAX     KMX     LC
   3        52       10      52
② 1 SAL    2 TEM    3 DYE   4 Q                 ! IFLAG if 1 - yes, 0 - no
   1        1        0       1
③ SALINT   TEMINT   DYEINT                      ! initial con. S, T, D
   30.      15.0     0.0                        ! ISTYP =0 전층 표시, =1 표층 x WKQ 분율로 표시
```

```
④ ISTYP     TCQSER    TAQSER    RMULADJ    ADDADJ    ICHGOS
   1        86400     0         1          0         0
⑤ NCSER1    NCSER2    NCSER3    NQSER                  ! NC(Q)SERS - 시계열 셋트 수 S, T, D, Q
   2        1         0         1
⑥ MCSER(NCSER1,5)                                      ! MCSER1 - Sal, 시계열 구성 자료의 수
   1440     1440      0         0          0           ! 예, 30분간격 1일-48개, 30일-1440개
C  MCSER(NCSER2,5)                                     ! NCSER2 - Tem, 시계열 구성 자료의 수
   1440     1440      0         0          0
C  MCSER(NCSER3,5)                                     ! NCSER3 - Dye, 시계열 구성 자료의 수
   1440     1440      0         0          0
C  MQSER(NQSER)                                        ! NQSER  - Q,   시계열 구성 자료의 수
   1440     1440      0         0          0
C  SALTMSR                                             ! SAL 시계열 상수값
   0        30        0         0          0
C  TEMTMSR                                             ! TEM 시계열 상수값
   15       15        0         0          0
C  DYETMSR                                             ! DYE 시계열 상수값
   0.       0.        0         0          0           ! 1- 하천오폐수 정점, 2-개방경계
C  QTMSR
   30.0
⑦ TBEGIN                                               ! starting time in day TBEGIN C18 (EFDC.INP)
   70.0
⑧ WKQ                                                  ! WKQ(4,KMAX)
   1.0  1.0  1.0  1.0  1.0  1.0  1.0  1.0  1.0  1.0    ! SAL
   1.0  1.0  1.0  1.0  1.0  1.0  1.0  1.0  1.0  1.0    ! TEM
    .0   .0   .0   .0   .0   .0   .0   .0   .0   .0    ! DYE
   0.1  0.1  0.1  0.1  0.1  0.1  0.1  0.1  0.1  0.1    ! Q
```

3.3.2 수온 · 염분 초기분포파일

TEMP.INP와 SALT.INP 파일은 수온과 염분의 초기분포 정보를 제공하며 ISTYP를 통해 자료의 구조를 결정한다. ISTYP가 0일 경우 저층에서 표층까지 층의 순서에 따라 농도가 입력되는 반면, ISTYP가 1일 경우 L, I, J와 저층에서 표층까지 층의 순서에 따라 농도가 입력된다. 이때 L은 격자의 순서이며 DXDY.INP, LXLY.INP 파일에서 설정된 순서와 동일하다. 수온과 염분의 초기 분포파일은 동일한 형식을 갖고 수온은 15℃ 염분은 30으로 입력하였다.

TEMP.INP

```
C     TEMP.inp Initial Condition FILE
C
C   ISTYP  0  -  ParamVal(1,KC)
C            1  -  L, I, J, ParamVal(1,KC)
            1
2   2  2  15.0  15.0  15.0  15.0  15.0 15.0  15.0  15.0  15.0  15.0
3   2  3  15.0  15.0  15.0  15.0  15.0 15.0  15.0  15.0  15.0  15.0
.
51  2  51 15.0  15.0  15.0  15.0  15.0 15.0  15.0  15.0  15.0  15.0
```

SALT.INP

```
C     SALT.inp Initial Condition FILE
C
C   ISTYP  0  -  ParamVal(1,KC)
C            1  -  L, I, J, ParamVal(1,KC)
            1
2   2  2  30.0  30.0  30.0  30.0  30.0  30.0  30.0  30.0  30.0  30.0
3   2  3  30.0  30.0  30.0  30.0  30.0  30.0  30.0  30.0  30.0  30.0
.
51  2  51 30.0  30.0  30.0  30.0  30.0  30.0  30.0  30.0  30.0  30.0
```

3.3.3 수온 · 염분 · 유량 시계열파일

TSER.INP, SSER.INP, QSER.INP는 수온, 염분, 유량의 시계열 입력파일로서 파일의 구조는 다음과 같다. C로 시작되는 설명문 아래 입력형식을 지정하는 6개의 변수로 구성되며 다음 줄은 시계열 자료의 수만큼 시간과 농도가 입력된다. 수온, 염분, 유량의 시계열 파일은 동일한 형식을 갖는다.

ISTYP가 1일 경우 아래에 한 줄이 추가하여 층별 가산계수 WKQ가 입력되며, 그 아래는 시계열 자료 수만큼 대표농도가 입력된다. 층별 농도는 대표농도에 층별 가산계수를 곱하여 입력되도록 되어있다.

본 예제에서 수온은 15 ℃, 염분은 하천에서는 0 개방경계에서는 30, 하천유량은 30 $m^3 s^{-1}$로 입력되었다.

TSER.INP

```
C    ISTYP,  MCSER,  TCCSER,  TACSER,  RMULADJ,  ADDADJ
      1  1440   86400.0   0.0       1.0       0.0        0          ISTYP = 1
      1.0   1.0   1.0   1.0   1.0   1.0   1.0   1.0   1.0   1.0     WKQ
    70.0000      15.0
    70.0208      15.0
    .
    99.9792      15.0                       1st NCSER  -  하천과 개방경계
```

SSER.INP

```
C    ISTYP,  MCSER,  TCCSER,  TACSER,  RMULADJ,  ADDADJ
   1  1440  86400.0  0.0     1.0      0.0        0        ISTYP = 1
   1.0  1.0  1.0  1.0  1.0  1.0  1.0  1.0  1.0  1.0      WKQ
  70.0000    0.0
  70.0208    0.0
   .
  99.9792    0.0                               1st NCSER - 하천

C    ISTYP,  MCSER,  TCCSER,  TACSER,  RMULADJ,  ADDADJ
   1  1440  86400.0  0.0     1.0      0.0        0        ISTYP = 1
   1.0  1.0  1.0  1.0  1.0  1.0  1.0  1.0  1.0  1.0      WKQ
  70.0000   30.0
  70.0208   30.0
   .
  99.9792   30.0                               2nd NCSER - 개방경계
```

QSER.INP

```
C  C   ISTYP,  MCSER,  TCCSER,  TACSER,  RMULADJ,  ADDADJ
   1    1440    86400.0  0.0     1.0      0.0      0      ISTYP = 1
   0.1  0.1  0.1  0.1  0.1  0.1  0.1  0.1  0.1  0.1      WKQ
  70.0000   30.0
  70.0208   30.0
   .
  99.9792   30.0                               1st NQSER - 하천
```

3.4 모의결과

모의실행 결과를 출력하는 방법으로는 덤프파일, 시계열 출력, EE 이용을 위한 바이너리 파일 형식 등이 있고 자세한 내용은 '1.6.3 출력조건'에 설명한 바와 같다. 본 장에서는 EE를 이용하여 연직방향 유속구조와 수온, 염분 및 밀도의 분포를 그림으로 작성하는 요령을 제시하였다.

연직방향에서 유속이나 수질 분포를 보고자 할 경우 EE의 시작화면 하단 'Post Processing Options'의 우측하단 'Profile Location Option'에서 I, J 중 하나를 선택하고 좌표번호를 입력할 수 있다. 다음 단계로 시작화면 상단의 우측 끝 'Viewprofile Viewer' 아이콘을 클릭하면, 'EFDC Profiler' 팝업창이 나타날 것이다. 'EFDC Profiler' 팝업창 상단 좌측 끝에서 우측으로 11번째 아이콘은 'Parameter Display Option'을 제공하며 'Profile Options' 팝업창이 <그림 3.3>과 같이 나타나며 유속과 수질 항목에 대한 다양한 옵션을 선택할 수 있다.

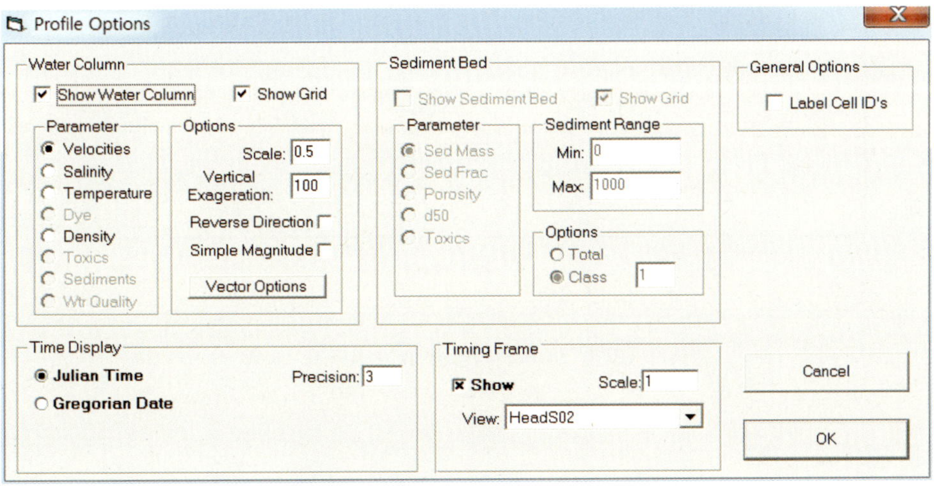

〈그림 3.3〉 연직방향 유동 벡터도 옵션

3.4.1 유속

<그림 3.3>의 'Profile Options' 화면 좌측 'Parameters'에서 'Velocities'를 'Options'의 'Scale'에서 0.5, 'Vertical Exageration'에 100을 입력하고, 'Vector Options'을 클릭한 후 '1.7.2 EFDC Explorer'에서 설명한 바와 같이 벡터 형식을 설정하고 'OK'를 선택하면,

<그림 3.4>와 같이 연직방향 층별 유속 벡터도를 볼 수 있다.

공개된 EE 버전에서는 수평 방향 유속과 수질의 경우 시간조정은 사용자 편의대로 조정할 수 있으나 연직 방향에서는 동화상으로 확인 할 수 있다. 동화상은 'EFDC Profiler' 팝업창 상단의 우측 끝에 위치한 아이콘에 마우스를 위치시키면 'Generate Animation to AVI' 이라는 안내글이 나타나고 이를 선택하여 동화상을 생성시킨 후 이를 이용하여 확인 혹은 발표시 사용할 수 있다.

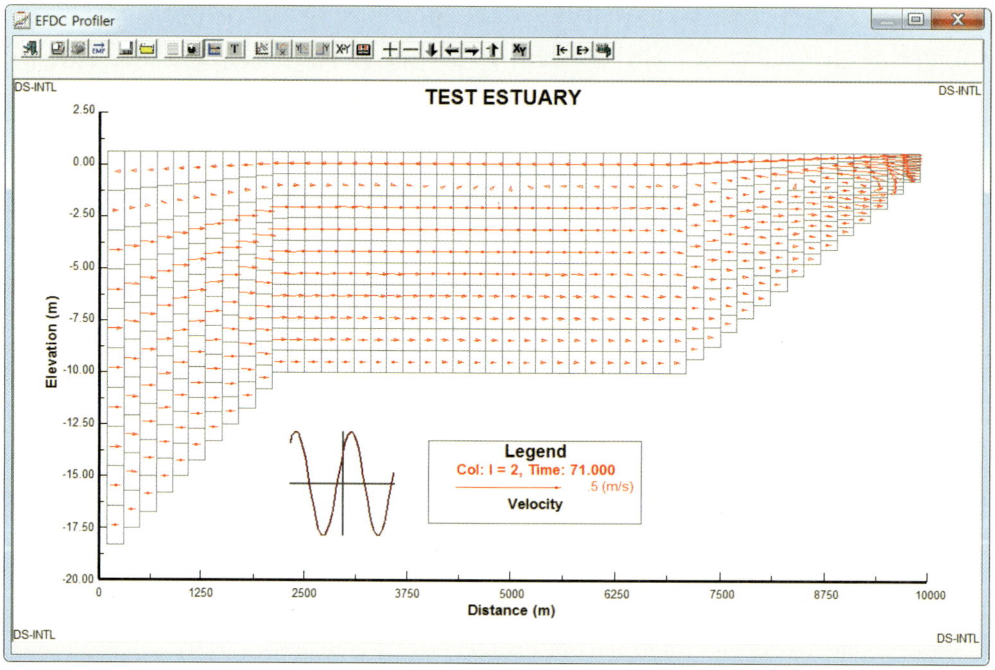

〈그림 3.4〉 연직방향 유동 벡터도

3.4.2 염분과 밀도

염분을 보여주고자 할 경우 <그림 3.5>의 'Profile Options' 화면 좌측 'Parameters'에서 'Salinity' 그리고 'Water Range'에서 염분의 최소와 최대값을 입력하고 'OK'를 선택하면, <그림 3.6>과 같이 연직방향 층별 염분분포를 볼 수 있다. 밀도를 보여주고자 할 경우 <그림 3.7>의 'Profile Options' 화면 좌측 'Parameters'에서 'Density' 그리고 'Water Range'에서 밀도의 최소와 최대값을 입력하고 'OK'를 선택한다. 연직방향 층별 밀도분포는 유속구조와 마찬가지로 동화상을 만들어 확인할 수 있다(<그림 3.8>).

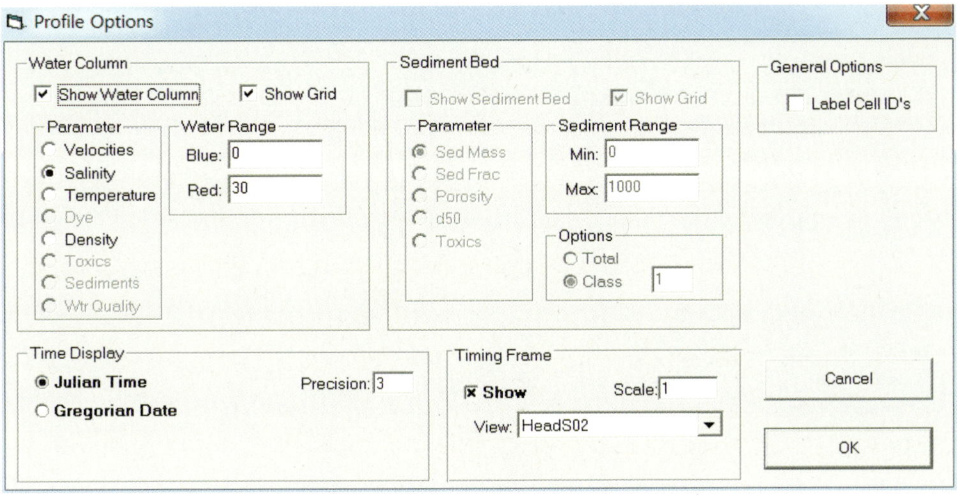

〈그림 3.5〉 연직방향 염분 분포도 옵션

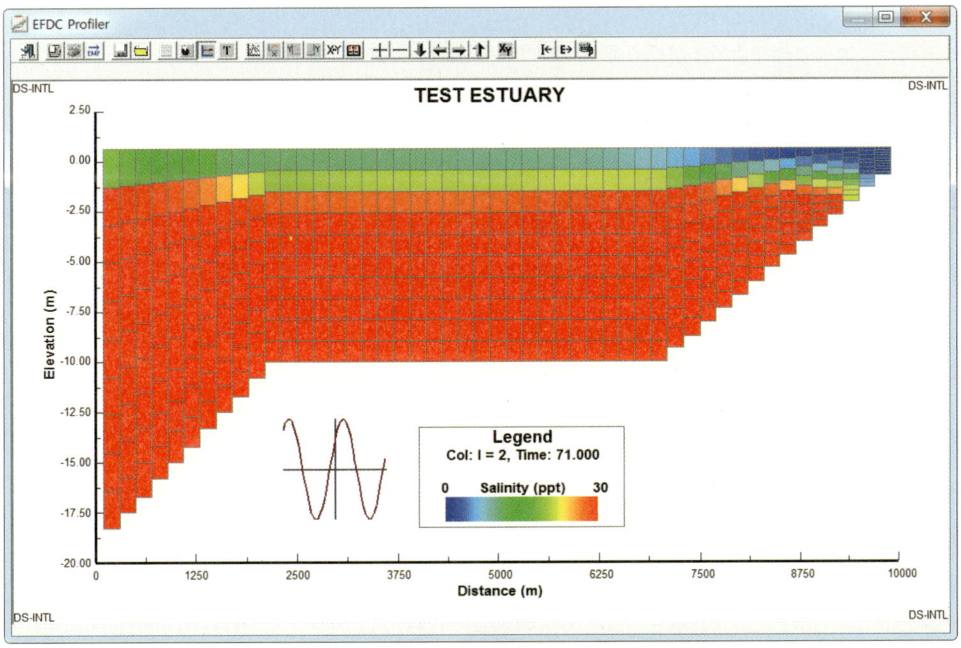

〈그림 3.6〉 연직방향 염분분포

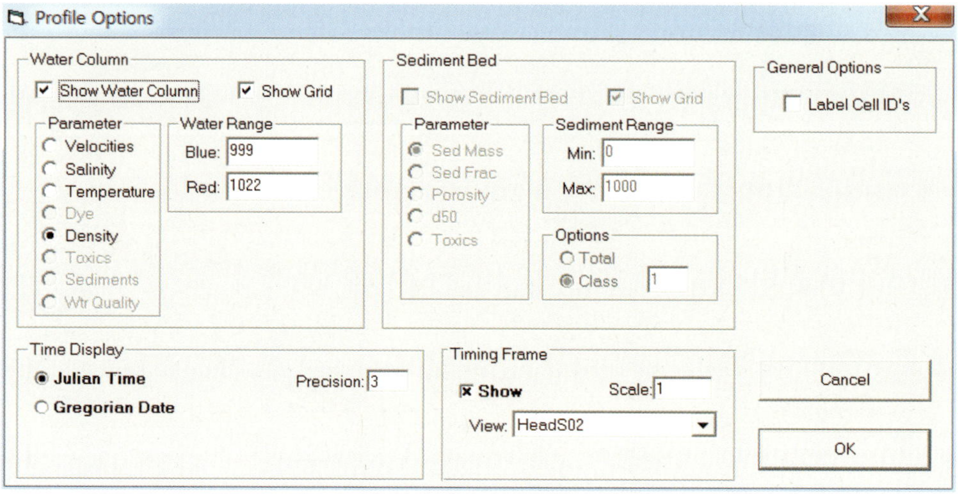

〈그림 3.7〉 연직방향 밀도 분포도 옵션

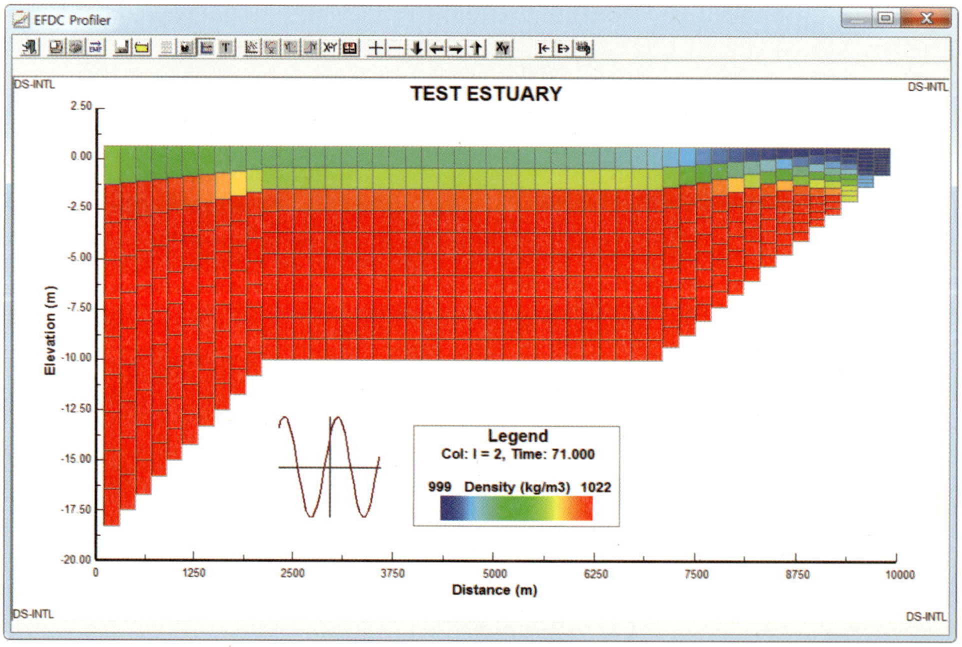

〈그림 3.8〉 연직방향 밀도분포

3.5 연습문제

예제 1) 하계 강우 성층모의

- 하구 강우로 인해 하천 유출이 급격히 증가하였다고 가정하고 하구 성층을 모의한다. 모든 조건은 실험하구에 적용된 조건과 동일하다. 다만, 유출은 처음 1일 동안은 하루 주기로 최소 10에서 최대 100의 사인곡선을 보이고 다음 4일은 일정하게 10이라 가정한다. 이를 3회 반복하여 총 15일 방류된다고 입력하고 모의한다.

예제 2) 성층유무에 따른 오염물 운반 비교

- 성층의 유무가 오염물 운반에 얼마나 영향을 미치는지를 비교한다.
- 유동장은 본 장에서 제시된 실험하구 조건을 그대로 사용하고 이를 기준안이라 칭한다. 성층이 발생하지 않는 조건을 비교하기 위해 하천과 개방경계에서 수온은 15℃ 염분은 30으로 일정하다고 가정하고 이를 비교안이라 칭한다.
- 오염물은 염료이며 격자 (2, 25)의 표층에서 방류량 10 m^3 s^{-1}과 농도 100 mg L^{-1}로 일정하게 연속 유출된다고 가정한다.
- 유동조건 두 가지 기준안과 비교안에서 염료를 방류하고서 농도 분포를 비교하여 성층에 의한 효과를 파악한다.
- 아울러 염료를 저층에서 방류할 때 효과를 파악한다.

〈표 3.6〉 성층과 오염물 혼합 수치모의 시나리오

		유동	
		성층	비성층
방류	표층	CASE1	CASE2
	저층	CASE3	CASE4

제4장 | 온배수 모의

앞 장의 염료, 염분, 수온의 이류 · 확산 모의 학습에 이어 온배수 방류로 인한 플룸 발생을 모의하기로 한다. 발전소 운영시 인근 해수를 취수하여 냉각수로 사용한 후 다시 바다로 방류된다. 이때 방류수는 일반적으로 자연 해수에 비해 약 7℃ 높은 온도를 가지기 때문에 열폐수라고도 불리운다. <그림 4.1>은 발전소 온배수의 취수와 배수 위치를 보여주며 식 1은 취수와 배수시 열교환속도이다. 본 장의 학습내용은 첫째, 이류에 의한 효과를 최소화하기 위해 유동장을 폐쇄된 하구 형태로 변형한다. 둘째, 온배수 모의에 필요한 입력 자료를 작성하는 과정을 학습한다. 셋째, 예제와 연습문제를 통해 온배수 관련 입력 파일을 작성하고 모형을 실행하여 결과를 비교하는 연습을 실행한다.

〈그림 4.1〉 발전소 온배수 취수 및 배수(좌 – 영광원전, 우 – 보령화력)

$$H_T = -Q_c \rho c_p T \qquad \text{- 취수}$$
$$H_T = Q_c \rho c_p (T + \Delta T) \qquad \text{- 배수}$$

H_T , Q_c	:	열교환속도(J/s), 방류유량(m^3/s)
ρ , c_p	:	밀도, 유체비열(=2400 J/kg/℃)
T , ΔT	:	방류수온도, 방류수와 해수 온도차(℃)

4.1 유동장

앞 장의 '수온 · 염분모의'에서 적용된 실험하구 모델의 계산 영역에서 남측 개방경계를 폐쇄하여 댐이나 저류지와 같이 물이 가두어진 조건을 모델로 재현하였다. 이는 플룸 재현시 이류 · 확산에 의한 효과를 최대한 배제하고 온도 성층에 의한 흐름에 집중하고자 계획되었다. 폐쇄하구 모형의 수평방향 격자구성은 앞 장의 <그림 3.1>과 동일하며 연직방향의 격자구성은 <그림 4.2>와 같다. 온배수 모의시 배수구와 취수구의 위치는 삼각형으로 표시한 지점이다.

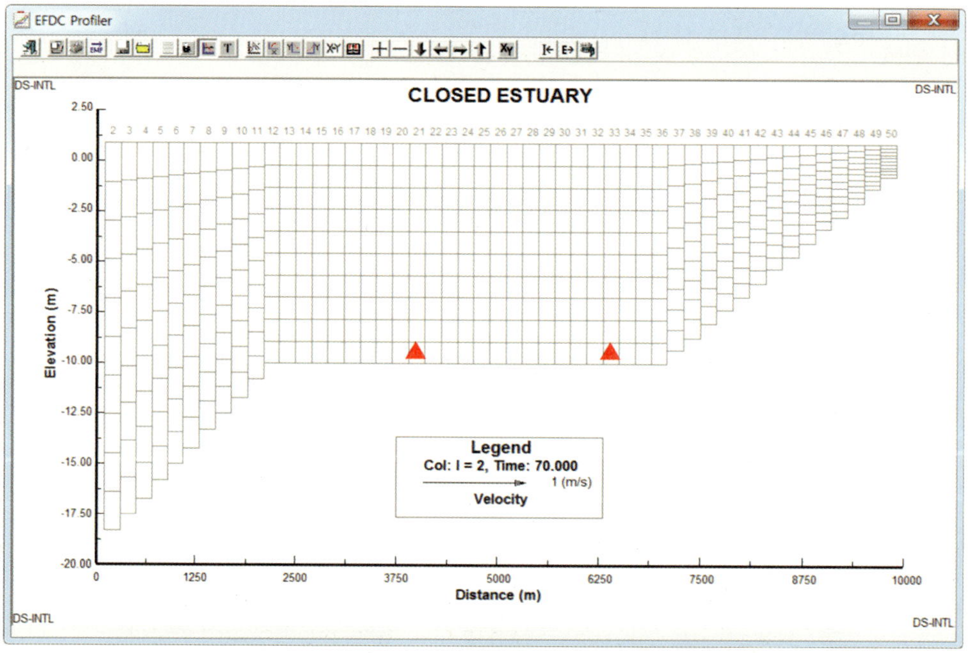

〈그림 4.2〉 폐쇄하구 모형 연직방향 격자구성과 취배수 위치

4.2 컨트롤파일

본 예제의 수온 · 염분모의에 필요한 최소한의 자료는 EFDC.INP와 초기 및 시계열 입력파일이며, 컨트롤 파일 EFDC.INP에는 기초항목, 조석과 수질의 개방경계조건, 점오염원 그리고 결과 출력 부분으로 구성된다. 앞 장 '수온 · 염분모의'에 구축된 내용과 크게 다른 점은 남측개방경계를 폐쇄경계로 수정하기 때문에 C16과 C46을 각기 편집하고 동서남북 개방경계에서 이에 관련된 C17~C21 그리고 C47~C66을 수정해야한다. 세부적인 내용은 아래와 같고 초기 및 시계열 입력파일은 포트란 프로그램 MAKE_STDINP.FOR을 이용하여 작성한다.

4.2.1 모의항목

C2 : 모델 실행시 계산결과를 실시간으로 확인하기 위해서는 EFDC.INP C2에서 ISHOW를 1로 설정할 필요가 있다. ISHOW가 1이면 SHOW.INP를 읽어 모니터링 되는 격자의 좌표(I, J), 보여주는 항목과 시간간격을 설정하게 된다.

C2 RESTART, GENERAL CONTROL AND AND DIAGNOSTIC SWITCHES

ISRESTI	ISRESTO	ISRESTR	IS_SEDZLJ	ISLOG	ISDIVEX	ISNEGH	ISMMC	ISBAL	IS2TIM
0	0	0	0	0	0	0	0	0	1

ISHOW	ISTIMING
1	1

C6 : 항목별 모의실행 여부는 ISTRAN으로서 1이면 가(yes), 0이면 부(no)이며 난류강도는 층이 2개 이상 일 때 자동 선택된다.

C6	ISTRAN	ISTOPT	ISCDCA	ISADAC	ISFCT	ISPLIT	ISADAH	ISADAV	ISCI	ISCO		
	1	0	0	1	1	0	0	0	0	0	!TURB	0
	1	1	0	1	1	0	0	0	0	0	!SAL	1
	1	0	0	1	1	0	0	0	0	0	!TEM	2
	0	0	0	1	1	0	0	0	0	0	!DYE	3
	0	0	0	1	1	0	0	0	0	0	!SFL	4
	0	0	0	1	1	0	0	0	0	0	!TOX	5
	0	0	0	1	1	0	0	0	0	0	!SED	6
	0	0	0	1	1	0	0	0	0	0	!SND	7
	0	0	0	1	1	0	0	0	0	0	!CWQ	8

염분의 경우 ISTOPT는 0과 1이상 두 가지를 선택할 수 있고, 0일 경우 초기값 파일 SALT.INP를 읽지 않고 초기값 0으로 설정하고, 1 이상일 경우 SALT.INP 파일을 읽어 초기값으로 설정한다. 온도의 경우 ISTOPT는 0에서 4까지 총 5가지이며 0인 경우 이류확산만을 고려하는 방법인데 반해 1은 이류확산에 태양복사, 대기 및 저면과의 열교환을 포함해서 계산하는 방법이다. 본 예제에서는 편의상 0을 선택하였고 다음 장 '열수지모의'에서 1을 선택하고 경계에서 열교환을 모의하였다.

4.2.2 기초항목

C7 : NTC는 일 단위의 모의기간이며 NTSPTC는 기준시간(TREF, 1일=86400s) 내 시간간격(Δt=5s)의 횟수(=TREF/Δt =86400/5= 17280s)이다.

C8 : TCON은 시간변환계수 (=86400s), TBEGIN은 모의 시작시간으로 일단위이다.

C9 : IC와 JC는 I와 J 방향 최대격자수, LC는 계산격자수+2, LVC와 LDM은 계산격자수이다.

C10 : K는 층 번호이며 DZC는 무차원 층두께이며 모든 층의 합은 1이 된다.

〈표 4.1〉 EFDC.INP 기초 입력내용

카드번호	내용
C7	**NTC NTSPTC** NLTC NTTC NTCPP NTSTBC NTCNB NTCVB NTSMMT **1 17280** 0 0 800 4 0 2 720 NFLTMT NDRYSTP 1 16
	모의기간, NTSPTC=TREF/Δt, Δt=TREF/NTSPTC)
C8	TCON **TBEGIN TREF** CORIOLIS ISCORV ISCCA ISCFL ISCFLM DTSSFAC 86400 **70** **86400** 4.048E-05 0 0 1 0 0
	TBEGIN – 모의시작 시간 (예, 0.5는 1월 1일 정오 12시 00분)
C9	**IC JC LC LVC** ISCO NDM **LDM** ISMASK ISPGNS NSHMAX NSBMAX **3 52 52 50** 1 1 **50** 0 0 0 0 WSMH WSMB 0.0625 0.0625
	격자구조
C9A	**KC** KSIG ISETGVC SELVREF BELVREF ISGVCCK
	10 0 0 416.55 390.15 1
C10	K DZC 1 0.1 ! 저층 2 0.1 : 10 0.1 ! 표층
	K – 층 번호, DZC – 무차원 층두께, 모든 층의 합은 1

4.2.3 개방경계

폐쇄하구 모델에서는 개방경계가 없기 때문에 조석 개방경계를 다루는 C14에서 C21은 아래와 같이 수정하며 적용되지 않는 항목이 있는 경우 공백으로 남기지 않고 다음 카드로 진행한다. C14에서 MTIDE를 0으로 설정하여 조석 조화성분이 부재하다고 지시한다.

〈표 4.2〉 EFDC.INP 조석 경계 입력내용

카드번호	내용
C14	MTIDE NWSER NASER ISGWI ISCHAN ISWAVE ITIDASM ISPERC ISBODYF 0 0 0 0 0 0 0 0 0 ISPNHYDS 0
	조석 조화성분의 수
C15	SYMBOL PERIOD
	조화성분 이름과 주기(sec)
C16	NPBS NPBW NPBE NPBN NPFOR NPFORT NPSER PDGINIT 0 0_ 0 0 0 0 0 0
	유동 개방경계 격자수, 조석강제 함수의 수, 초기해수면
C17	NPFOR SYMBOL AMPLITUDE PHASE
	조석강제함수 번호, 조화성분 이름, 진폭(m), 지각(sec)
C18-C21	IPBS JPBS ISPBS NPFORS NPSERS TPCOORDS IPBW JPBW ISPBW NPFORW NPSERW TPCOORDW IPBE JPBE ISPBE NPFORE NPSERE TPCOORDE IPBN JPBN ISPBN NPFORN NPSER TPCOORDN
	남, 서, 동, 북측 개경계 I, J 좌표 및 조석조건

4.2.4 농도 · 유량

가. 점오염원

C22 : NTOX, NSED와 NSND는 독성물질과 퇴적물 자료이며 디폴트값이 1으로 지정되어 있어 모의에서 다루지 않더라도 항상 1로 지정함에 유의해야 한다. 염분 NCSER1과 온도 NCSER2 모두 0으로 지정하였다. 저류지 모델에 수온 초기값은 C46의 TEMO에서 입력하며, 염분 초기값은 실험하구 모델에서 사용된 SALT.INP 파일을 그대로 사용하기로 한다.

C23 : NQWR은 취 · 배수 쌍의 수이며 이에 할당된 유량 및 수질 농도 시계열 번호는 NQWRSR이다. NQWRSR이 1 이상일 때, QWRS.INP 파일을 독립적으로 열고 유량, 농도 시계열 자료를 읽어 들이며 아래의 C24 – C26 옵션을 이용하지 않는다.

C24 – C26 : 점오염원 관련 설정된 자료가 없는 경우 공백으로 남기지 않고 다음 카드로 진행한다.

〈표 4.3〉 EFDC.INP 점오염원 입력내용

카드번호	내용
C22	NTOX NSED NSND NCSER1 NCSER2 NCSER3 NCSER4 NCSER5 NCSER6 NCSER7 1 1 1 0 0 0 0 0 0 0 ISSBAL 0
	농도 시계열 자료의 수
C23	NQSIJ NQJPIJ NQSER NQCTL NQCTLT NQWR NQWRSR ISDIQ 0 0 0 0 0 1 1 0
	NQSIJ – 점오염원 격자수, NQSER – 유량 시계열 자료수
C24	IQS JQS QSSE NQSMUL NQSMFF NQSERQ NS– NT– ND– NSF– NTX– NSD– NSN– QSFACTOR
	I, J, 유량(상수)
C25	SAL TEM DYE SFL TOX1
	점오염원의 염분, 수온, 염료, 패류난, 독성물질의 농도 (유량 일정할 경우)
C26	SED1 SND1
	점오염원 퇴적물 농도 (유량 일정할 경우)

C33 : NQWR이 1 이상일 때 읽어들이며 처음 6개 항목은 취수구와 배수구의 I, J, K 좌표이다. 온배수 취 · 배수구의 위치(QWRE)와 유량 및 수질(염분, 수온, 염료, 패류난)의 시계열 자료의 번호(NQW_RQ)를 지시한다. 온배수 관련 시계열 자료는 QWRS.INP에서 취급된다.

C34, C35 : 배수구 수질 농도로서 염분, 수온, 염료, 패류난, 독성물질, 퇴적물을 포함한다.

〈표 4.4〉 EFDC.INP 점오염원 입력내용

카드번호	내용
C33	IWRU JWRU KWRU IWRD JWRD KWRD QWRE NQW_RQ 2 34 1 2 22 1 0.0 1 NQWR_U NQWR_D BQWR_U BQWR_D ANG_D 0 0 0 0 0
	취수구좌표 IWRU, JWRU, KWRU; 배수구좌표- IWRD, JWRD, KWRD 유량-QWRE, 취배수유량수질 시계열 ID- NQW_RQ
C34	SALT TEMP DYEC SFLC TOX1 0 0 0 0 0
	염분, 수온, 염료, 패류난, 독성물질
C35	SED1 SND1 0 0
	세립질, 조립질 퇴적물

나. 농도경계

C46 : BSC는 부력 계산여부를 결정하며 수온, 염분에 따른 부력을 계산하기 위해서는 1로 설정되어야 한다. TEMO는 초기 수온이며 본 예제에서는 15℃로 입력하였으며 만일 (-) 값이 주어지는 경우 TEMP.INP 파일에서 초기값을 읽어 들이게 된다. NCBS, NCBW, NCBE와 NCBN는 수질 개방경계의 격자수이다.

C47 : 남측 개방경계 농도를 설정하며, 설정된 자료가 없는 경우 공백으로 남기지 않고 다음 카드로 진행한다.

〈표 4.5〉 EFDC.INP 농도경계

카드번호	내용
C46	BSC TEMO HEQT RKDYE NCBS NCBW NCBE NCBN 1 15. 0 0.0E+0 0 0 0 0
	BSC - 부력계산여부, NCBS, NCBW, NCBE, NCBN - 수질 개방경계 격자수
C47	IBBS JBBS NTSCRS NSSERS NTSERS NDSERS NSFSERS NTXSERS NSDSERS NSNSERS
	남측 농도경계 I, J 좌표 및 항목 별 농도 시계열 번호(ID number)

4.3 입력파일

본 폐쇄하구 모델에서는 앞 장의 '수온 · 염분모의'에서 적용된 실험하구 모델의 계산 영역에서 남측 개방경계를 폐쇄하여 더 이상 개방경계가 필요 없고 온배수 모의의 경우 기왕의 점오염원 형태의 시계열 입력파일이 아니 다른 파일을 이용한다. 그러나 염분의 초기분포는 동일하기 때문에 전 장에서 작성한 SALT.INP을 그대로 사용하였고, 온도는 C46의 TEMO 상수로 입력하였다. 온배수의 경우 아래와 같이 QWRS.INP 파일을 작성하여 이용한다. 아울러 대기, 수주와 저면의 경계에서 열교환을 모의할 경우 ASER.INP(대기조건)와 WSER.INP(바람조건)을 이용하나, 본 예제에서 다루지 않았고 다음 장 '열수지모의'에서 적용하기로 하였다.

C23에서 정의한 NQWRSR이 1 이상일 때, QWRS.INP 파일을 열고 유량, 농도 시계열 자료를 읽어 들인다. ISTYP가 0일 경우 수질농도는 전부 0으로 하고 유량 시계열 만 읽어 들이는 반면, ISTYP가 1일 경우 유량, 수질을 모두 읽어 들인다. 이때 수질항목은 염분, 수온, 염료, 패류난 4가지를 포함한다. 본 저류지 모델에서 온배수 취 · 배수 유량은 10 m^3 s^{-1}, 배출수 온도는 냉각과정을 거치는 동안 주변수 15 ℃ 보다 7 ℃ 높은 22 ℃로 설정하였다.

QWRS.INP

```
C    16                                                   ! 16줄 설명문
   1   3    86400.0      0.0        1.0        0.0        !  자료형식 ISTYP =1, 자료수 =3
  -100.0    10.0     30   22. 0   0                       ! 시간, 유량, 염분, 수온, 염료, 패류난
     0.0    10.0     30   22. 0   0
   500.0    10.0     30   22. 0   0
```

4.4 모의결과

EFDC 모델에서 모의결과를 출력하는 방법은 '1.6.3 출력조건'에 설명한 바와 같다. 본 장에서는 가상의 저류지에서 온배수를 모의하였으며, 연직방향 유속과 수질 분포를 EE를 사용하여 제시하였으며, EE를 활용하는 방법은 앞 장의 '3.3 모의결과'에서 자세히 설명한 바와 같다.

4.4.1 유속

<그림 4.3>의 'Profile Options' 화면 좌측 'Parameters'에서 'Velocities'를 'Options'의 'Scale'에서 0.3, 'Vertical Exageration'에 100을 입력하고, 'Vector Options'을 클릭한 후 '1.7.2 EFDC Explorer'에서 설명한 바와 같이 벡터 형식을 설정하고 'OK'를 선택하면, <그림 4.4>과 같이 연직방향 층별 유속 벡터도를 볼 수 있다.

그림의 중앙 저면에 배수구가 위치하며 유량이 급격히 유출되면서 주변 해수와의 큰 온도차 때문에 부력을 갖게 되며 위로 향하는 것을 볼 수 있다. 표층에서는 그림의 좌우측으로 이동하다가 양측 끝에서 시계방향 또는 반시계방향으로 하향하는 양상을 볼 수 있다. 그림 우측 저면에 위치한 취수지점에서는 취수로 인해 유향이 아래로 향하는 것을 볼 수 있다. 한편, 편의상 연직방향 유속은 실제보다 100배 과장되게 표현하였음에 주의가 필요하다.

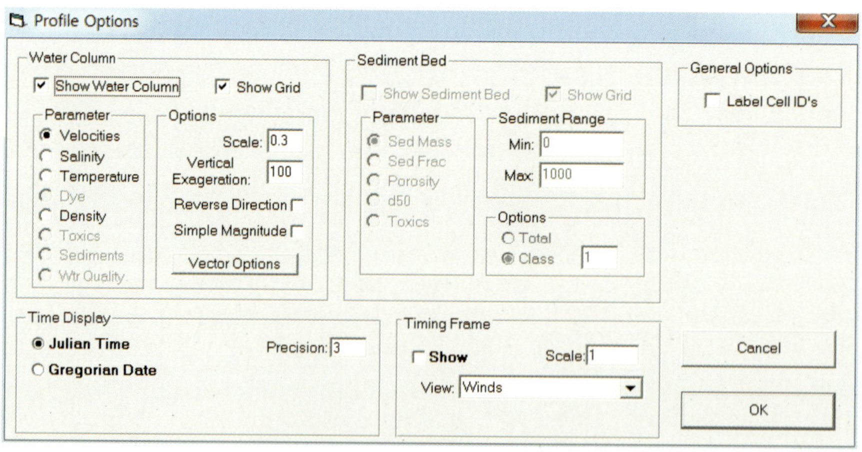

〈그림 4.3〉 연직방향 유속 옵션

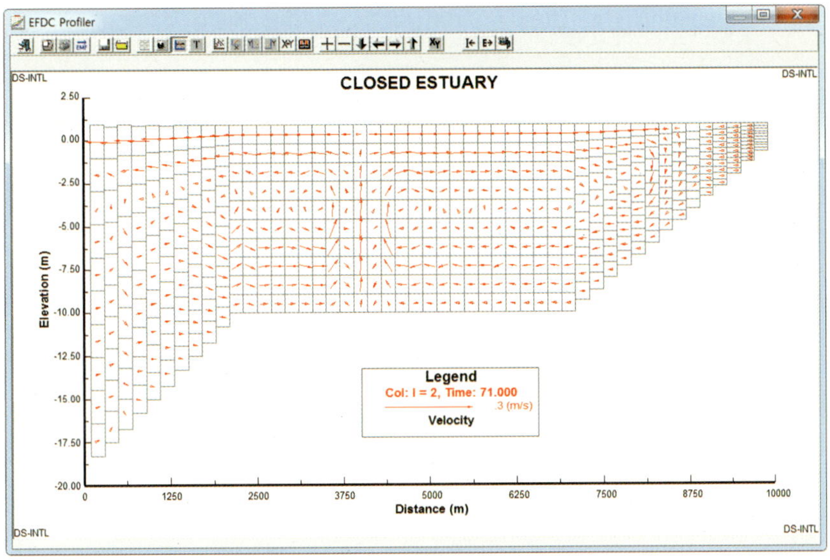

〈그림 4.4〉 온배수 방류 연직방향 유속분포

4.4.2 수온과 밀도

수온 분포를 보여주고자 할 경우 'Profile Options' 화면(<그림 4.5>)의 좌측 'Parameters'에서 'Temperature' 그리고 'Water Range'에서 수온의 최소와 최대값을 입력하고 'OK'를 선택하면, <그림 4.6>과 같이 연직방향 층별 수온 분포를 볼 수 있다. 밀도의 경우 'Profile Options' 화면(<그림 4.7>)의 좌측 'Parameters'에서 'Density' 그리고 'Water Range'에서 밀도의 최소와 최대값을 입력하고 'OK'를 선택한다. 연직방향 층별 밀도분포는 유속 구조와 마찬가지로 동화상을 만들어 확인할 수 있다(<그림 4.8>).

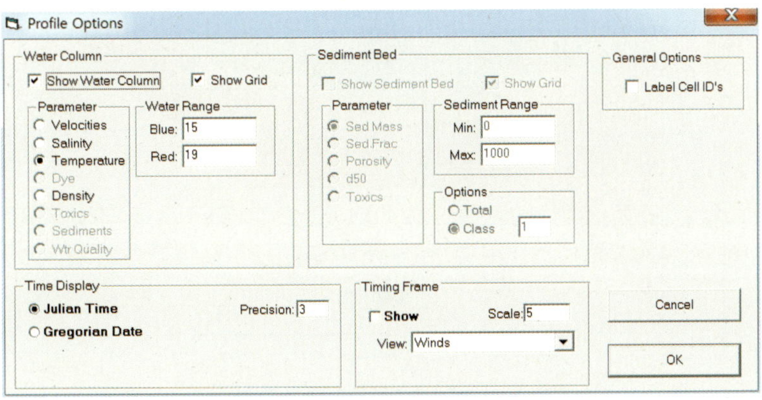

〈그림 4.5〉 온배수모의 연직방향 수온 옵션

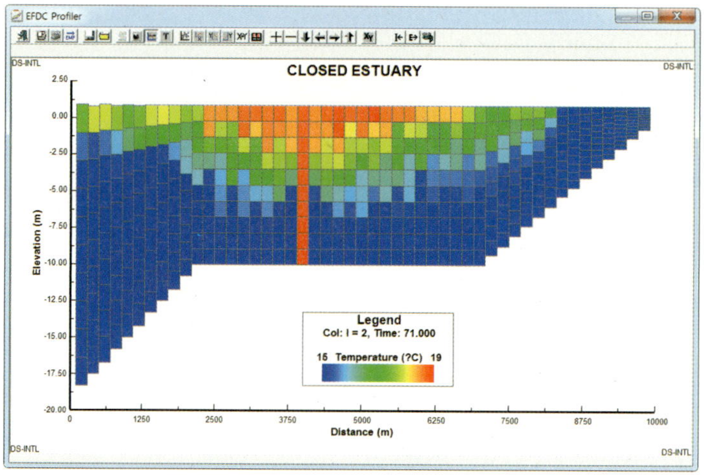

〈그림 4.6〉 온배수모의 연직방향 수온분포

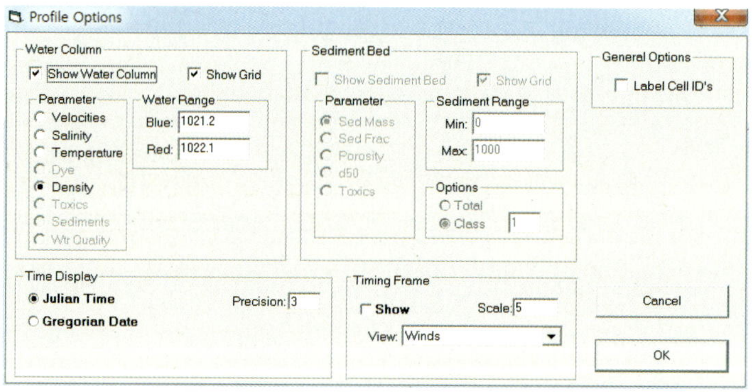

〈그림 4.7〉 온배수모의 연직방향 밀도 옵션

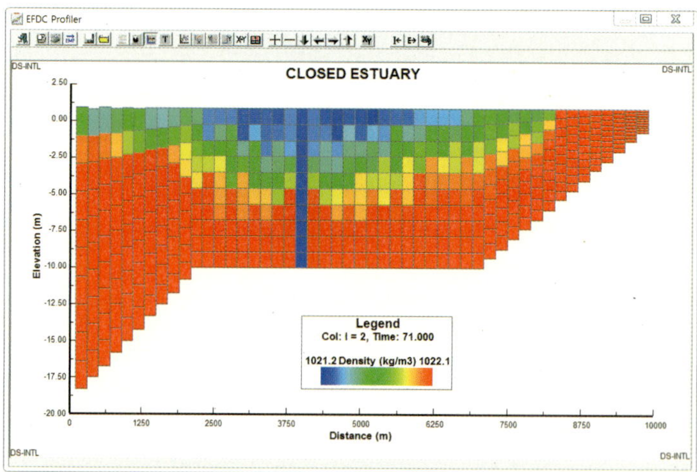

〈그림 4.8〉 온배수모의 연직방향 밀도분포

4.5 연습문제

예제 1) 부력효과 비교

- 온배수 방류시 온도차로 인한 부력효과를 파악하기 위해 방류수의 수온을 주변 해수와 동일한 15℃ 그리고 15℃ 높은 30℃를 적용하고, 이미 예제에서 수행된 22℃의 결과 3가지 경우의 유속, 수온, 밀도를 모두 비교하시오.

예제 2) 실험하구 적용

- '제2장 염료모의'에서 염료 대신 온배수를 적용하여 모의한다. 이때 배수구는 염료 유입 격자의 저층으로 입력하고 취수구는 배수구와 멀리 떨어진 임의의 장소로 설정한다.

제5장 열수지 모의

앞 장의 온배수 이류·확산 모의에 이어 태양복사, 대기-수주 그리고 수주-저면과의 열교환을 포함하는 열수지 모의방법을 학습하기로 한다. 학습내용은 첫째, 열수지에 대한 이론적 배경을 이해한다. 둘째, 모의에 필요한 폐쇄된 사각형 저류지를 만든다. 셋째, 대기와 저면에 관련된 자료를 모형에 맞게 생성한다. 최종적으로 몇 가지 예제를 통해 열교환 관련 기구가 수온 분포에 미치는 영향을 비교한다.

5.1 이론적 배경

열은 태양복사, 하천 혹은 온배수를 통해 수주로 유입되고, 수주 내에서 이류·확산에 의해 운반 및 혼합된다. 수주와 대기 경계면에서 장파복사, 잠열, 현열로 인해 열교환이 발생하고 아울러 수주와 저면 경계면에서 열 교환이 이루어진다(<그림 5.1>).

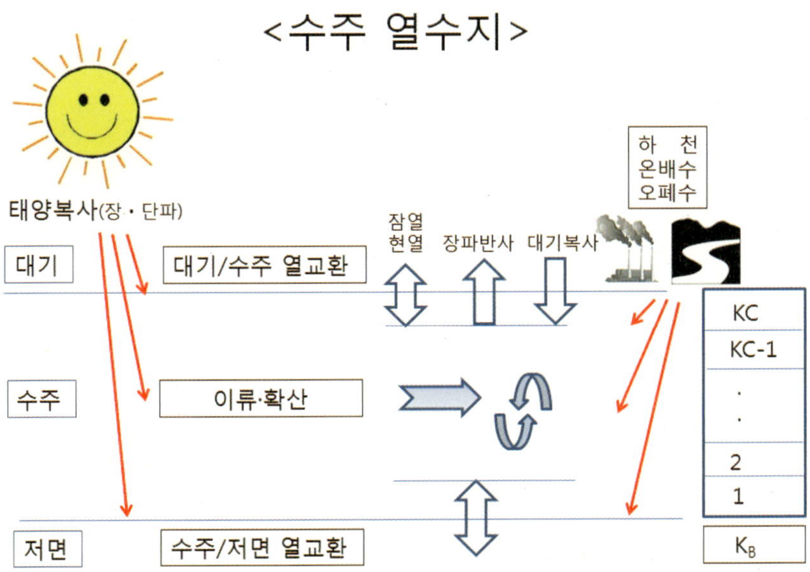

〈그림 5.1〉 수주 열수지 모식도

5.1.1 열수지 지배방정식

열수지 지배방정식은 식 1과 같이 표현할 수 있다(Ji, 2008). 식의 좌측에 x, y, z방향 이류 그리고 우측에는 연직방향의 확산, 태양복사 그리고 마지막 항은 수평방향 확산과 외부생성소멸을 포함한다.

$$\frac{\partial(HT)}{\partial t}+\frac{\partial(HuT)}{\partial x}+\frac{\partial(HvT)}{\partial y}+\frac{\partial(wT)}{\partial z}=\frac{\partial}{\partial z}\left(\frac{A_b}{H}\frac{\partial T}{\partial z}\right)+\frac{\partial I}{\partial z}+Q_T \quad (1)$$

이류 연직확산 태양복사 수평확산+외부생성소멸

x, y, z, t, H, T	:	수평 직교좌표, 연직 시그마좌표, 시간, 수심, 온도
u, v, w, A_b	:	x, y, z 방향 유속성분, 수직난류확산계수
I	:	태양복사
Q_T	:	수평난류확산 + 외부생성•소멸항

5.1.2 태양복사

모든 물체는 온도에 따라 물체표면에서 열에너지를 사방으로 전자파 형태로 복사하며, 열에너지는 매질 없이 광속으로 이동된다. 태양복사(일사, solar radiation)는 태양이 복사하는 전자파로서 자외선 14%, 가시광선 47%, 적외선 39%로 구성되며, 태양의 표면온도는 약 6,000 °K이다. 일사량은 지표 단위면적이 단위시간에 받는 일사에너지의 양으로 MJ m^{-2} 단위를 가지며 태양복사와 관련된 물리량은 다음과 같다.

복사에너지(radiant energy)	–	J (=N m)
복사속(radiant flux)	–	J s^{-1} (=W)
순간복사조도(복사속밀도, irradiance)	–	W m^{-2}
일사량(총복사조도, 시간적분)	–	MJ m^{-2}

수심 z에서 태양복사 일사량은 고속단파복사와 저속장파복사의 합으로 산정되며 식 2와 같다. 수심 100 m 연직방향에서 감쇠계수와 감쇠분율에 따라 고속단파복사와 저속장파복사는 완만하거나 급격하게 감쇠하는 양상을 보일 수 있다(<그림 5.2>).

$$I = rI_s \exp\left(-\beta_f H(1-z)\right) + (1-r)I_s \exp(-\beta_s H(1-z)) \quad (2)$$

고속 단파 복사　　　　저속 장파 복사

I	:	수심 z 태양복사 일사량(W/m^2)
I_s	:	표층(z=1) 입사 태양복사 일사량(W/m^2)
β_f	:	고속감쇠계수($1/m$) - 단파복사 (0.2 - 4)
β_s	:	저속감쇠계수($1/m$) – 장파복사
r	:	고속감쇠분율(0~1), 천해 1.0
H	:	수심

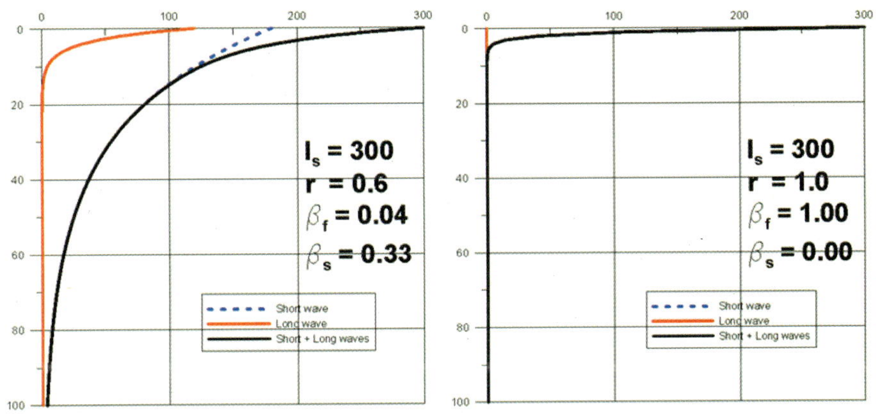

〈그림 5.2〉 태양복사 연직분포

5.1.3 대기 · 수주경계

대기와 수주 경계면에서 열교환은 장파복사, 잠열, 현열의 형태로 이루어지며 식 3과 같이 표현할 수 있다.

$$-\frac{\rho c_p A_b}{H}\frac{\partial T}{\partial z} = H_L + H_E + H_C \quad (3)$$

장파복사　잠열　현열

ρ	:	밀도
c_p	:	비열
A_b	:	연직난류혼합계수
T	:	수온

장파복사(지구복사, terrestrial radiation)는 대기에서 수주로 유입되는 대기장파복사와 수주에서 대기로 유입되는 지구장파복사의 합으로 식 4와 같이 표현할 수 있으며, <표 5.1>과 같이 다양한 수식으로 표현된 바 있다.

$$H_L = \epsilon\sigma T_s^4\left(0.39 - 0.05e_a^{1/2}\right)(1 - B_C C) + 4\epsilon\sigma T_s^3(T_s - T_a) \quad (4)$$

지구장파복사 (유출) 유입·유출

ϵ,	:	수주 방사율(=0.97),
σ	:	스테판-볼츠만상수($= 5.67 \times 10^{-8}\ W/m^2/K^4$)
e_a	:	수증기압(mb)
C	:	운량분율(0 : cloudless, 1 : full cloud)
T_s ,	:	표층수온(℃)
B_C	:	경험상수(=0.8)
T_a	:	기온(℃)

〈표 5.1〉 해수 표면에서 순장파복사 수식화(www.sail.msk.ru/lectures/part)

Brunt (1932)	$LW=\varepsilon\sigma T_s^4(0.39-0.05e_z^{1/2})(1-0.8n^d)$, $\varepsilon=0.98$, $d=1$
Berliand and Berliand (1952)	$LW=\varepsilon\sigma T_s^4(0.39-0.05e_z^{1/2})(1-0.8n^d)+4\varepsilon\sigma T_a^3(T_s-T_a)$, $\varepsilon=0.98$, $d=1$
Anderson (1952)	$LW=\varepsilon\sigma[T_s^4-T_a^4(0.74+0.0049e_z)](1-0.8\ n^d)$, $\varepsilon=0.98$, $d=1$
Efimova (1961)	$LW=\varepsilon\sigma T_a^4(0.254-0.00495e_z)(1-cn^d)+4\varepsilon\sigma T_a^3(T_s-T_a)$, $\varepsilon=0.96$, $d=1$
Swinbank (1963)	$LW=\varepsilon\sigma[T_s^4-9.36\cdot 10^{-6}T_a^6](1-0.8\ n^d)$, $\varepsilon=0.98$, $d=1$
Clark et al. (1974)	$LW=\varepsilon\sigma T_s^4(0.39-0.05e_z^{1/2})(1-cn^d)+4\varepsilon\sigma T_a^3(T_s-T_a)$, $\varepsilon=0.98$, $d=2$
Bunker (1976)	$LW=0.022[\varepsilon\sigma T_a^4(11.7-0.23e_z)(1-0.68n^d)+4\varepsilon\sigma T_a^3(T_s-T_a)$, $\varepsilon=0.96$, $d=1$
Hastenrath and Lamb (1978)	$LW=\varepsilon\sigma T_s^4(0.39-0.056\underline{q^{1/2}})(1-0.53n^d)+4\varepsilon\sigma T_a^3(T_s-T_a)$, $\varepsilon=0.98$, $d=2$
Malevsky et al. (1992b)	$LW=\varepsilon(\sigma T_s^4-(1.026T_a^2 10^{-5}-0.541)(1+cn^d))$, $\varepsilon=0.91$, $d=2$
Bignami et al. (1995)	$LW=\varepsilon\sigma T_s^4-[\sigma T_a^4(0.653+0.00535\ e_z)(1+0.1762n^d))$, $\varepsilon=0.98$, $d=2$
Josey et al. (2001)	$LW=\varepsilon\sigma T_s^4-(\underline{1-\alpha_L})\sigma\underline{[T_a+an^2+bn+c+0.84(D+4.01)]^4}$, $\underline{\varepsilon=0.98}$, <u>a, b, c, D = empirical coefficients,</u> $\underline{\alpha_L = 0.045}$

잠열(증발잠열, latent heat)은 상태를 바꾸는데 사용되는 열로서 증발시 수소결합을 끊기 위해 더해진 에너지는 수증기로 부터 제거되며 식 5와 같이 표현할 수 있다.

$$H_E = c_e \rho_a L_E w(e_s - e_a)\left(\frac{0.622}{p_a}\right) \quad (5)$$

c_e	:	무차원 난류 교환계수(= 1.1×10^{-3})
ρ_a , w	:	대기밀도(= $1.2kg/m^3$), 풍속(m/s)
e_a , e_s , p_a	:	수증기압(mb), 표층수온 포화수증기압(mb), 대기압(mb)
L_E	:	증발잠열(= $2.501 \times 10^6 J/kg$)

현열(sensible heat)은 온도를 바꾸는데 사용되는 열로서 수표면에서 전도(conduction)와 대류(convection)에 의해 발생하며 식 6과 같이 표현할 수 있다.

$$H_C = c_h \rho_a c_{pa} w(T_s - T_a) \quad (6)$$

T_s , T_a	:	표층수온(℃), 기온(℃)
c_h	:	무차원 난류 교환계수(= 1.1×10^{-3})
C_{pa}	:	대기비열(= $1.005 \times 10^3 J/kg/K$)

5.1.4 수주 · 저면경계

저면 퇴적물의 온도는 수주를 거쳐 저면에까지 도달한 태양복사와 저면과 퇴적물 경계에서 발생한 열교환을 통하여 결정되며 식 7과 같이 표현할 수 있다. 식의 오른편 첫 번째 항은 저면의 태양복사이며 두 번째 항은 경계에서 열 교환이며 수주 바닥층 유속과 바닥층과 저면 퇴적물의 온도차에 영향을 받는다.

$$\frac{\partial(H_b T_b)}{\partial t} = \frac{I_b}{\rho_b c_{pb}} - \left(c_{hb}\sqrt{u_1^2 + v_1^2} + r_2\right)(T_b - T_1) \quad (7)$$

I_b	:	저면 태양복사 (식 3)
T_b, T_1, u_1, v_1	:	퇴적물온도, 수저수온, 수저유속
H_b	:	퇴적물열두께
c_{pb}	:	수주-퇴적물 혼합체 비열
c_{hb} , r_2	:	무차원 대류열교환계수, 퇴적물-수저 열전달계수(m/s)

5.2 유동장

앞 장의 '온배수모의'에서 적용된 폐쇄하구 모델의 계산 영역에서 바닥의 표고를 일정하게 하여 댐이나 저류지와 같이 물이 가두어진 조건을 모델로 재현하였다. 이는 열수지에서 이류 · 확산에 의한 효과를 최대한 배제하고 대기 · 수주와 수주 · 저면 경계면에서 열교환 그리고 온도 성층에 의한 흐름에 집중하고자 계획되었다. 저류지 모형의 수평방향 격자구성은 앞 장의 <그림 3.1>과 동일하며 연직방향의 격자구성은 <그림 5.3>과 같다.

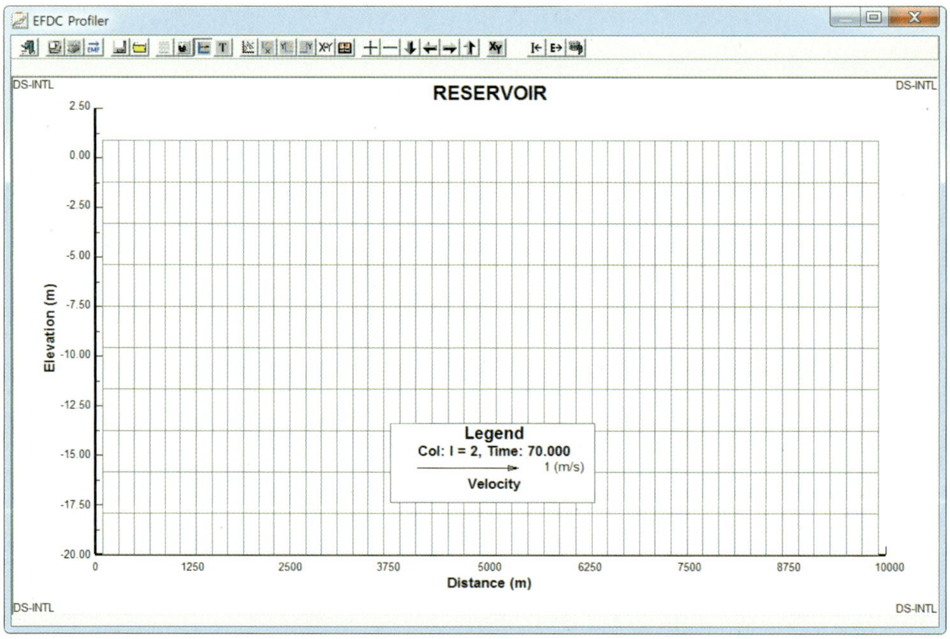

〈그림 5.3〉 저류지 모형 연직방향 격자구성

5.3 컨트롤파일

본 예제의 열수지 모의에 필요한 최소한의 자료는 EFDC.INP와 초기 및 시계열 입력파일이며, 컨트롤 파일 EFDC.INP에는 기초항목, 조석과 수질의 개방경계조건, 점오염원 그리고 결과 출력 부분으로 구성된다. 앞 장 '수온 · 염분모의'에 구축된 내용과 크게 다른 점은 남측개방경계를 폐쇄경계로 수정하기 때문에 C16과 C46을 각기 편집하고 동서남북 개방경계에서 이에 관련된 C17~C21 그리고 C47~C66을 수정해야한다. 세부적인 내용은 아래와 같고 초기 및 시계열 입력파일은 포트란 프로그램 MAKE_STDinp.FOR을 이용하여 작성한다.

5.3.1 모의항목

C2 : 모델 실행시 계산결과를 실시간으로 확인하기 위해서는 EFDC.INP C2에서 ISHOW를 1로 설정할 필요가 있다. ISHOW가 1이면 SHOW.INP를 읽어 모니터링 되는 격자의 좌표(I, J), 보여주는 항목과 시간간격을 설정하게 된다.

C2 RESTART, GENERAL CONTROL AND AND DIAGNOSTIC SWITCHES

IISRESTI	ISRESTO	ISRESTR	ISPAR	ISLOG	ISDIVEX	ISNEGH	ISMMC	ISBAL	ISHP	ISHOW
0	0	0	0	0	0	0	0	0	0	1

C6 : 항목별 모의실행 여부는 ISTRAN으로서 1이면 가(yes), 0이면 부(no)이며 난류강도는 층이 2개 이상 일 때 자동 선택된다.

```
C6  ISTRAN  ISTOPT  ISCDCA  ISADAC  ISFCT  ISPLIT  ISADAH  ISADAV  ISCI  ISCO
    1       0       0       1       1      0       0       0       0     0     !TURB 0
    1       1       0       1       1      0       0       0       0     0     !SAL  1
    1       1       0       1       1      0       0       0       0     0     !TEM  2
    0       0       0       1       1      0       0       0       0     0     !DYE  3
    0       0       0       1       1      0       0       0       0     0     !SFL  4
    0       0       0       1       1      0       0       0       0     0     !TOX  5
    0       0       0       1       1      0       0       0       0     0     !SED  6
    0       0       0       1       1      0       0       0       0     0     !SND  7
    0       0       0       1       1      0       0       0       0     0     !CWQ  8
```

염분의 경우 ISTOPT는 0과 1이상 두 가지를 선택할 수 있고, 0일 경우 초기값 파일 SALT.INP를 읽지 않고 초기값 0으로 설정하고, 1 이상일 경우 SALT.INP 파일을 읽어 초기값으로 설정한다. 온도의 경우 ISTOPT는 0에서 4까지 총 5가지이며 0인 경우 이류확산만을 고려하는 방법인데 반해 1은 이류확산에 태양복사, 대기 및 저면과의 열교환을 포함해서 계산하는 방법이다. 나머지 2와 3 옵션은 이류확산에 평형온도식을 고려한 계산방법으로 평형온도식은 태양복사, 대기 및 저면과의 열교환을 비교적 간단한 형식으로 대신한 식이라 할 수 있다. 나머지 옵션 4는 이류확산에 CE_QUAL W2 모델의 계산방식을 따른 형식이라 할 수 있다.

〈표 5.2〉 열수지 모의 옵션 (EFDC.INP의 C6에서 선택)

ISTOPT	설명
0	이류 · 확산 만 고려 (태양복사, 대기 및 저면과의 열교환 무시)
1	이류 · 확산 + 태양복사 + 대기 및 저면과의 열교환 ASER.INP(대기조건)와 WSER.INP(바람조건) 필요함
2	이류 · 확산 + externally specified 평형온도식
3	이류 · 확산 + constant coefficient 평형온도식 HEQT, TEMO C46
4	이류 · 확산 + CE_QUAL W2 평형온도식

5.3.2 기초항목

C7 : NTC는 일 단위의 모의기간이며 NTSPTC는 기준시간(TREF, 1일=86400s) 내 시간 간격(Δt=5s)의 횟수(=TREF/Δt =86400/5= 17280s)이다.

C8 : TCON은 시간변환계수 (=86400s), TBEGIN은 모의 시작시간으로 일단위이다.

C9 : IC와 JC는 I와 J 방향 최대격자수, LC는 계산격자수+2, LVC와 LDM은 계산격자수이다.

C9A : KC는 연직방향 격자수이며 다음 변수들은 GVC 좌표시 이용되며 본 예제에서는 무시한다.

C10 : K는 층 번호이며 DZC는 무차원 층두께이며 모든 층의 합은 1이 된다.

〈표 5.3〉 EFDC.INP 기초 입력내용

카드번호	내용
C7	**NTC NTSPTC** NLTC NTTC NTCPP NTSTBC NTCNB NTCVB NTSMMT **1 17280** 0 0 800 4 0 2 720 NFLTMT NDRYSTP 1 16
	모의기간, NTSPTC=TREF/Δt, Δt=TREF/NTSPTC)
C8	TCON **TBEGIN TREF** CORIOLIS ISCORV ISCCA ISCFL ISCFLM DTSSFAC 86400 **70 86400** 4.048E-05 0 0 1 0 0
	TBEGIN－모의시작 시간 (예, 0.5는 1월 1일 정오 12시 00분)
C9	**IC JC LC LVC** ISCO NDM **LDM** ISMASK ISPGNS NSHMAX NSBMAX **3 52 52 50** 1 1 **50** 0 0 0 0 WSMH WSMB 0.0625 0.0625
	격자구조
C9A	**KC** KSIG ISETGVC SELVREF BELVREF ISGVCCK
	10 0 0 416.55 390.15 1
C10	K DZC 1 0.1 ! 저층 2 0.1 . 10 0.1 ! 표층
	K － 층 번호, DZC － 무차원 층두께, 모든 층의 합은 1

5.3.3 개방경계

저류지 모델에서는 개방경계가 없기 때문에 조석 개방경계를 다루는 C14에서 C21은 아래와 같이 수정하며 적용되지 않는 항목이 있는 경우 공백으로 남기지 않고 다음 카드로 진행한다.

C14 : MTIDE를 0으로 설정하여 조석 조화성분이 부재하다고 지시한다. NWSER과 NASER을 1로 설정하면 ASER.INP(대기 조건)와 WSER.INP(바람조건) 파일을 읽어 들인다. 두 개 파일은 C6에서 수온의 ISTOPT가 1인 경우 반드시 필요한 파일이며, 수주 내 이류·확산 및 태양복사 유입 그리고 수주와 대기 및 저면과의 열교환을 모의하는데 사용한다. 한편, NASER이 1 보다 클 경우, ATMMAP.INP를 열어 기상 자료의 공간분포를 입력할 수 있다.

〈표 5.4〉 EFDC.INP 조석 경계 입력내용

카드번호	내용
C14	MTIDE NWSER NASER ISGWI ISCHAN ISWAVE ITIDASM ISPERC ISBODYF 0 1 1 0 0 0 0 0 0 ISPNHYDS 0
	조석 조화성분의 수
C15	SYMBOL PERIOD
	조화성분 이름과 주기(sec)
C16	NPBS NPBW NPBE NPBN NPFOR NPFORT NPSER PDGINIT 0 0_ 0 0 0 0 0 0
	유동 개방경계 격자수, 조석강제 함수의 수, 초기해수면
C17	NPFOR SYMBOL AMPLITUDE PHASE
	조석강제함수 번호, 조화성분 이름, 진폭(m), 지각(sec)
C18-C21	IPBS JPBS ISPBS NPFORS NPSERS TPCOORDS IPBW JPBW ISPBW NPFORW NPSERW TPCOORDW IPBE JPBE ISPBE NPFORE NPSERE TPCOORDE IPBN JPBN ISPBN NPFORN NPSER TPCOORDN
	남, 서, 동, 북측 개경계 I, J 좌표 및 조석조건

5.3.4 농도 · 유량

가. 점오염원

C22 : NTOX, NSED와 NSND는 독성물질과 퇴적물 자료이며 디폴트값이 1로 지정되어 있어 모의에서 다루지 않더라도 항상 1로 지정함에 유의해야 한다. 농도 시계열 셋트의 수이며, 염분 NCSER1과 온도 NCSER2 모두 0으로 지정하였다. 저류지 모델에서는 수온과 염분의 초기값 만 필요하고 SALT.INP와 TEMP.INP는 실험하구 모델에서 사용된 파일을 그대로 사용하기로 한다.

C24 – C26 : 점오염원 관련 설정된 자료가 없는 경우 공백으로 남기지 않고 다음 카드로 진행한다.

〈표 5.5〉 EFDC.INP 점오염원 입력내용

카드번호	내용
C22	NTOX NSED NSND NCSER1 NCSER2 NCSER3 NCSER4 NCSER5 NCSER6 NCSER7 1 1 1 0 0 0 0 0 0 0 ISSBAL 0
	농도 시계열 자료의 수
C23	NQSIJ NQJPIJ NQSER NQCTL NQCTLT NQWR NQWRSR ISDIQ 0 0 0 0 0 0 0 0
	NQSIJ – 점오염원 격자수, NQSER – 유량 시계열 자료수
C24	IQS JQS QSSE NQSMUL NQSMFF NQSERQ NS– NT– ND– NSF– NTX– NSD– NSN– QSFACTOR
	I, J, 유량(상수)
C25	SAL TEM DYE SFL TOX1
	점오염원의 염분, 수온, 염료, 패류난, 독성물질의 농도 (유량 일정할 경우)
C26	SED1 SND1
	점오염원 퇴적물 농도 (유량 일정할 경우)

C33 – C36 : 취배수구 관련 설정된 자료가 없는 경우 공백으로 남기지 않고 다음 카드로 진행한다.

〈표 5.6〉 EFDC.INP 점오염원 입력내용

카드번호	내용
C33	IWRU JWRU KWRU IWRD JWRD KWRD QWRE NQW_RQ NQWR_U NQWR_D BQWR_U BQWR_D ANG_D
	취수구좌표 IWRU, JWRU, KWRU; 배수구좌표- IWRD, JWRD, KWRD 유량-QWRE, 취배수유량수질 시계열 ID- NQW_RQ
C34	SALT TEMP DYEC SFLC TOX1
	염분, 수온, 염료, 패류난, 독성물질
C35	SED1 SND1 SND2
	세립질, 조립질 퇴적물

나. 농도경계

C46 : BSC는 부력 계산여부를 결정하며 수온, 염분에 따른 부력을 계산하기 위해서는 1로 설정되어야 한다. TEMO는 초기 수온이며 (-) 값이 주어지는 경우 TEMP.INP 파일에서 초기값을 읽어 들인다. ISBEDTEMI는 초기퇴적물온도 분포이며 0일 때, TEMB.INP로부터 읽어 들이고, 1일 경우 ASER.INP에서 상수값으로 읽어들인다. KBH는 퇴적물의 온도 관련 층의 수이다. NCBS, NCBW, NCBE와 NCBN는 수질 개방경계의 격자수이다.

C47 : 남측 개방경계 농도를 설정하며, 설정된 자료가 없는 경우 공백으로 남기지 않고 다음 카드로 진행한다.

카드번호	내용
C46	BSC TEMO HEQT ISBEDTEMI KBH RKDYE NCBS NCBW NCBE NCBN 1 -1. 0 1 11 0.0E+0 0 0 0 0
	BSC - 부력계산여부, NCBS, NCBW, NCBE, NCBN - 수질 개방경계 격자수
C47	IBBS JBBS NTSCRS NSSERS NTSERS NDSERS NSFSERS NTXSERS NSDSERS NSNSERS
	남측 농도경계 I, J 좌표 및 항목 별 농도 시계열 번호(ID number)

5.4 입력파일

본 저류지 모델은 가두어진 폐쇄 공간으로 사방으로 해수소통이 이루어지지 않으나 수온과 염분의 초기분포는 동일하기 때문에 전 장에서 작성한 TEMP.IN와 SALT.INP을 그대로 사용하기로 한다. 대기, 수주와 저면의 경계에서 열교환을 다룰 경우 반드시 ASER.INP(대기조건)와 WSER.INP(바람조건) 파일이 필요하며 아래와 같이 작성한다.

5.4.1 ASER.INP

ASER.INP 파일의 구성은 다음과 같다.

① C로 시작되는 설명문 29줄
② 8개의 항목(<표 5.7>)이며 ⑤ 라인에 수치를 제시하였다.
③ 10개의 항목(<표 5.8>)이며 ⑥ 라인에 수치를 제시하였다. 저면 퇴적층의 초기온도 TBEDIT는 양의 값일 경우 계산영역에 일정하게 적용되나, 음의 값일 경우 절대값으로 변환하여 적용할 수 있다. 저면 퇴적층의 온도두께 DABEDT는 음의 값을 주었을 때, TEMB.INP 파일을 이용하여 공간분포를 읽어 들이거나 양의 값으로 계산영역에 일정하게 입력할 수 있다.
④ 10개의 시계열 항목(<표 5.9>)이며 ⑦ 라인에 수치를 제시하였고, ⑤ 라인의 시계열 셋트수 NASER 만큼 연속된다.

```
ASER.INP

① C29   CLOUD      =FRATIONAL CLOUD COVER
#
②# MASER   TCASER   TAASER   IRELH     RAINCVT   EVAPCVT   SOLRCVT CLDCVT
#
③# IASWRAD  REVC   RCHC   SWRATNF  SWRATNS  FSWRATF  DABEDT  TBEDIT
HTBED1   HTBED2
#
④# TASER(M) PATM(M) TDRY(M) TWET(M) RAIN(M) EVAP(M) SOLSWR(M) CLOUD(M)
#                        /TEQ    /RELH                      /HTCOEF

⑤ 3    86400.  0.   1      0.28E-06    0.12E-07   0.278E+03    0.10E+0
⑥ 0       -1.     -1.    0.5     0.01        0.3        -1.       -1.        0.0E+00     0.4E-06
⑦ -100.0       1003.8     24.6     0.970     4.000     2.000     0.000     10.000
     0.0       1003.8     24.6     0.970     4.000     2.000     0.000     10.000
   500.0       1003.8     24.6     0.970     4.000     2.000     0.000     10.000   .
```

〈표 5.7〉 ASER.INP 첫 번째 8개 항목

항목		값	내용
1	MASER	3	자료수
2	TCASER	86400	시간변환계수
3	TAASER	0.	시간조정치
4	IRELH	1	0 – 입력값, 1 – 상대습도
5	RAINCVT	0.28E−06	강수량변환계수 (mm hr^{-1} = 0.28E−6 m s^{-1})
6	EVAPCVT	0.12E−07	증발량변환계수 (mm day^{-1} = 0.12E−7 m s^{-1}) If <0 – 내부모듈에서 계산
7	SOLRCVT	0.278E+03	일사량 변환계수 (=1.0E+6/3600s) (MJ m^{-2} – 1시간 단위, 기상청)
		1.0	if W m^{-2} 입력시
8	CLDCVT	0.1	운량계수 (운량 0−10, 기상청)

〈표 5.8〉 ASER.INP 두 번째 10개 항목

항목		값		내용
1	IASWRAD	0 1		태양복사 수괴 전층 및 저면에까지 적용 태양복사 표층에만 적용 I_s (식 2)
2	REVC	-1		1000*증발전달계수, if <0 use wind spd dep drag coef
3	RCHC	-1		1000*대류열전달계수, if <0 use wind spd dep drag coef
4	SWRATNF	0.5		고속(단파복사)감쇠계수 (m^{-1}) β_f (식 2)
5	SWRATNS	0.01		저속(장파복사)감쇠계수 (m^{-1}) β_s (식 2)
6	FSWRATF	0.3		단파복사감쇠분율 (0<FSWRATF<1) r (식 2)
7	DABEDT	1.	m	퇴적물 유효온도 두께(m) if <0, TEMB.INP 공간분포 입력 H_b (식 7)
8	TBEDIT	15.	℃	초기퇴적물온도 if <0, tem(L)=abs(Tbedit), if <0, ISTOPT(2)=0, tem(L)은 TEMB.INP 입력 T_b (식 7)
9	HTBED1	0.0		퇴적물/수주저층 대류열계수 (무차원) c_{hb} (식 7)
10	HTBED2	0.0	$m\ s^{-1}$	퇴적물/수주 열전달계수 ($m\ s^{-1}$) r_2 (식 7) 0.4e-5

〈표 5.9〉 ASER.INP 세 번째 8개 항목

항목		값		내용
1	TASER(M)	70.0		시간
2	PATM	1011.	mb	대기압 (mb)
3	TDRY/TEQ	15.0	℃	if ISOPT(2)=1 – 건조대기온도, if ISOPT(2)=2 – 평형온도 C6–ISTOPT, C46의 HEQT, EFDC.INP
4	TWET/ RELH	0.0		if IRELH=1– 상대습도, if IRELH=0– 습윤대기온도 wet bulb atm temp
5	RAIN	0.0	$mm\ h^{-1}$	강수량
6	EVAP	0.0	$mm\ d^{-1}$	증발량 (if EVAPCVT< 0.)
7	SOLSWR	1000.0		표층 일사량 ($W\ m^{-2}$)
8	CLOUD	0.0		운량 (0-10)

한편, 태양복사 관련하여 고속단파복사 감쇠계수(β_f, SWRATNF)는 0.5, 저속 장파복사 감쇠계수(β_s, SWRATNS)는 0.01, 단파복사감쇠분율(r, FSWRATF)는 0.3을 적용하였다. 수표면에서 입사하는 태양복사가 300 MJ m^{-2} 일 때 저속장파복사는 수심 10 m 이전에 0에 접근하는 반면, 고속단파복사는 전층에서 완만하게 감소하다가 100 m에서 약 80 MJ m^{-2}에 이른다(<그림 5.4>).

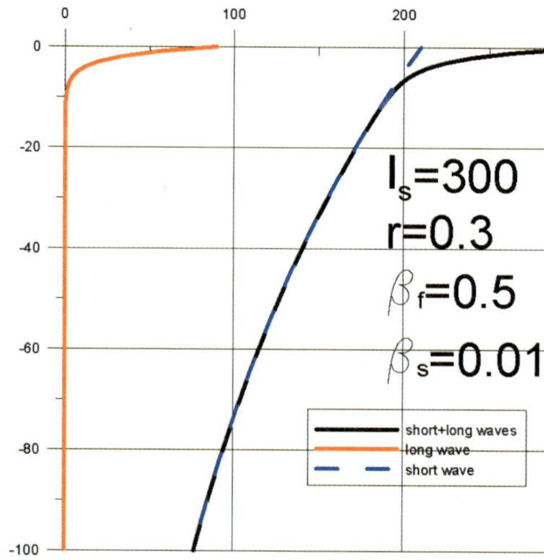

〈그림 5.4〉 태양복사 연직프로파일

특히, 기상자료는 기상청에서 제공하는 단위를 확인하여 EFDC에서 설정된 단위로 변환하는 과정에 주의가 필요하다.

기상자료(기상청) 시 단위 ⇒ EFDC 초 단위

예, 24시간간격 - 증발(mm/d)
3시간간격 - 운량, 대기압(mb)
1시간간격 - 일사(W/m^2) (05 - 20시, 기타 밤 시간의 일사량 0)
기온(℃), 습도(%), 풍향(진북기준 10° 간격), 풍속(m/s), 강우(mm/h)

5.4.2 WSER.INP

WSER.INP 파일의 구성은 다음과 같다.

① C로 시작하는 14줄의 설명문 아래 5개 계수 항목 이름이며 수치는 ③라인에 입력된다. MASER은 시계열 자료의 수이다. ISWDINT는 풍향전환 계수로서 풍향 입력값 기준으로 0일 때 to, 1일 때 from, 2일 때 풍속과 풍향에 입력된 값을 풍속의 동방과 북방성분으로 읽어 들인다.

② 시간, 풍속, 풍향 3개의 시계열 항목 이름이며 수치는 ④라인부터 시계열 자료수 MASER 만큼 연속된다.

WSER.INP

```
① C15   MASER,     TCASER,     TAASER,     WINDSCT,     ISWDINT
② C16   TASER(M),   WINDS(M),    WINDD(M)
  C
③        3           86400.          0.00          0.95          0
④   -100.00     0.00    180.000
       0.00     0.00    180.000
     500.00     0.00    180.000
```

5.5 모의결과

EFDC 모델에서 모의결과를 출력하는 방법은 '1.6.3 출력조건'에 설명한 바와 같다. 본 장에서는 가상의 저류지에서 온배수를 모의하였으며, 연직방향 유속과 수질 분포를 EE를 사용하여 제시하였으며, EE를 활용하는 방법은 앞 장의 '3.3 모의결과'에서 자세히 설명한 바와 같다.

5.5.1 유속

<그림 5.5>의 'Profile Options' 화면 좌측 'Parameters'에서 'Velocities'를 'Options'의 'Scale'에서 0.03, 'Vertical Exageration'에 100을 입력하고, 'Vector Options'을 클릭한 후 '1.7.2 EFDC Explorer'에서 설명한 바와 같이 벡터 형식을 설정하고 'OK'를 선택하면, <그림 5.6>과 같이 연직방향 층별 유속 벡터도를 볼 수 있다.

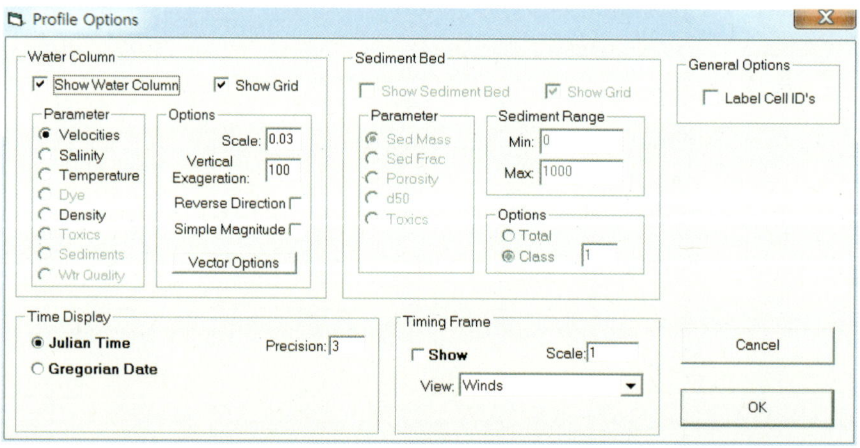

〈그림 5.5〉 연직방향 유속 옵션

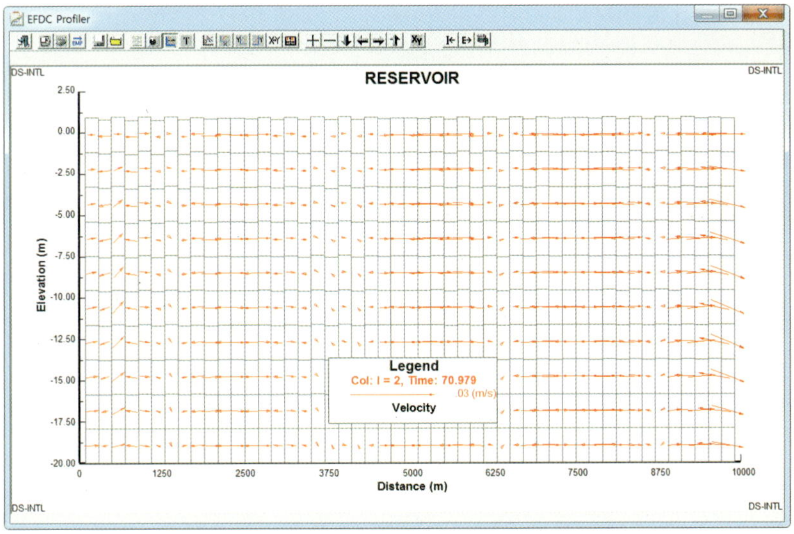

〈그림 5.6〉 저류지 열수지 연직방향 유속분포

5.5.2 수온과 밀도

수온 분포를 보여주고자 할 경우 'Profile Options' 화면(<그림 5.7>)의 좌측 'Parameters'에서 'Temperature' 그리고 'Water Range'에서 수온의 최소와 최대값을 입력하고 'OK'를 선택하면, <그림 5.8>과 같이 연직방향 층별 수온 분포를 볼 수 있다. 밀도의 경우 'Profile Options' 화면(<그림 5.9>)의 좌측 'Parameters'에서 'Density' 그리고 'Water Range'에서 밀도의 최소와 최대값을 입력하고 'OK'를 선택한다. 연직방향 층별 밀도분포는 유속 구조와 마찬가지로 동화상을 만들어 확인할 수 있다(<그림 5.10>).

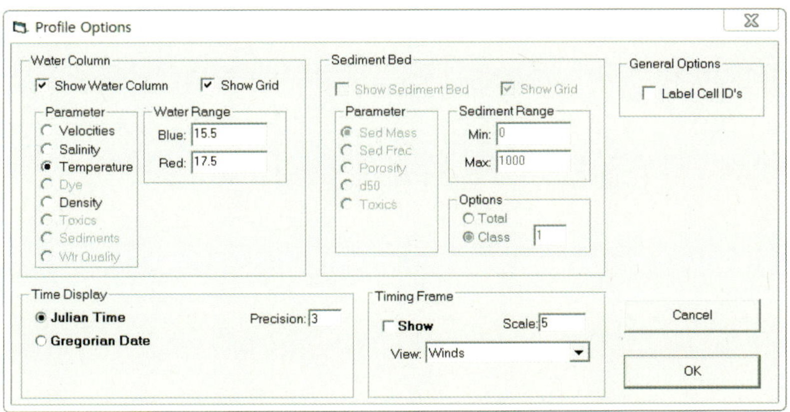

〈그림 5.7〉 저류지 열수지모의 연직방향 수온옵션

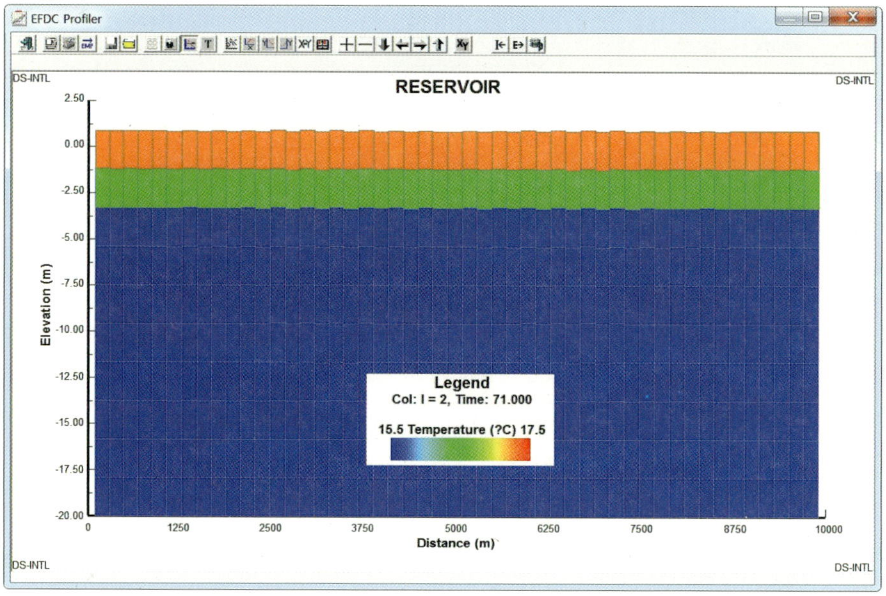

〈그림 5.8〉 저류지 열수지모의 연직방향 수온분포

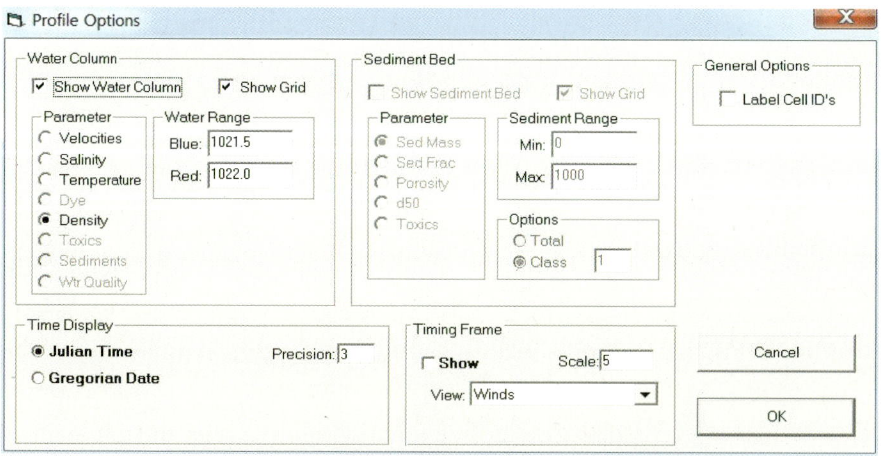

〈그림 5.9〉 저류지 열수지모의 연직방향 밀도 옵션

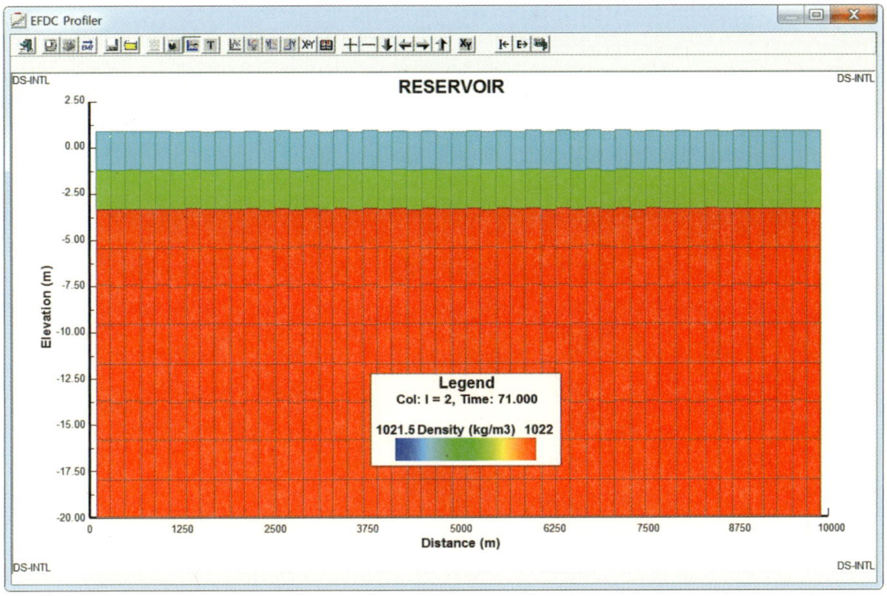

〈그림 5.10〉 저류지 열수지모의 연직방향 밀도분포

5.6 연습문제

본 장에서 적용된 열수지 모의의 기본 조건은 아래 표와 같고, 이 가운데 태양복사의 수주 내 분포와 수주와 퇴적물 경계에서 열교환에 대해 민감도를 실험한다.

〈표 5.10〉 열수지 모의 기본조건

	온도(℃)	태양복사	대기 · 수주경계	수주 · 퇴적물경계
대기	15			
수주	15	I_s = 1000 r = 0.6 β_f = 0.5 β_s = 0.1	H_L, H_E, H_C	c_{hb} = 0. r_2 = 0.
퇴적물	5			

주) I_s – 표층입사 일사량, SOLSWR; r – 단파복사감쇠분율, FSWRATF; β_f – 고속단파복사 감쇠계수, SWRATNF; β_s – 저속 장파복사 감쇠계수, SWRATNS; H_L – 장파복사; H_E – 잠열; H_C – 현열; c_{hb} – 퇴적물/수주 열대류계수, HTBED1; r_2 – 퇴적물/수주 열전달계수, HTBED2

예제 1) 태양복사의 수주 프로파일

- 태양복사가 수주에 미치는 효과를 비교하기 위해 다음 조건을 적용하여 모의한 후 수온과 밀도 및 유속을 비교한다. 지배방정식은 식 1이며 항목은 <표 5.7>에서 <표 5.9>를 참고하여 ASER.INP 파일을 수정하여 모의한다. 단, 언급하지 않은 다른 항목은 위 표에서 사용한 값을 그대로 사용한다.

〈표 5.11〉 태양복사의 수주 프로파일 비교 조건

항목	CASE1	CASE2	CASE3
표층입사 일사량 (I_s, SOLSWR)	1000	100	1000
단파복사감쇠분율 (r, FSWRATF)	0.6	0.6	0.3
고속단파복사 감쇠계수 (β_f, SWRATNF)	0.5	0.5	0.5
저속 장파복사 감쇠계수 (β_s, SWRATNS)	0.1	0.1	0.1

예제 2) 수주 · 퇴적물경계 열교환 비교

- 수주의 바닥층과 퇴적물의 경계에서 발생하는 열교환을 검토하기 위해 아래와 같이 조건을 달리하여 효과를 비교한다. 단, 언급하지 않은 다른 항목은 <표 5.7>에서 <표 5.9>에서 사용한 값을 그대로 사용한다.

〈표 5.12〉 수주 · 퇴적물경계 열교환 모의 조건

항목	CASE1	CASE2	CASE3
퇴적물초기온도(TBEDIT)	5	5	5
퇴적물/수주 열전달계수 (r_2 , HTBED2)	0.0	0.4E－5	0.4E－3

참고문헌

이동주, 2011, EFDC 활용길잡이, 구미서관.

Craig, P M, 2009, User's Manual for EFDC_Explorer: A Pre/Post Processor for the Environmental Fluid Dynamics Code.

Ji, Z－G, 2008, Hydrodynamics and Water Quality: Modeling Rivers, Lakes, and Estuaries, John Wiley & Sons.

Tetra Tech, Inc, 2007, The Environmental Fluid Dynamics Code User Manual US EPA Version 1.01.

부록 1 | DXF2XYZ.FOR

```
      PARAMETER     (Z0=100.)
      CHARACTER*20 ABC,FNINP,FNOUT
C=====================================================================
      open(unit=1,file='dxf2xyz.ctl',status='old')

      READ(1,10) X0
      READ(1,10) Y0
      READ(1,11) FNINP
      READ(1,11) FNOUT

      CLOSE(1)

10    FORMAT(20X,F10.0)
11    FORMAT(20X,A20)
C=====================================================================
      open(unit=1,file=FNINP,status='old')
      open(unit=2,file=FNOUT,status='unknown')

100   READ(1,20,IOSTAT=ISO) ABC

      IF(ISO.EQ.-1) THEN
         WRITE(*,*) ' ALL DATA ARE READ '
         STOP
      ELSE IF(ISO.GT. 0) THEN
         WRITE(*,21) ABC
         STOP
      ELSE
```

```
! TEXT 점 수심

        IF(ABC(1:8).EQ.'AcDbText') THEN
          READ(1,*) K
          IF(K.NE.10) THEN
            GOTO 100
          ELSE IF(K.EQ.10) THEN
            READ(1,*) X
            READ(1,*)
            READ(1,*) Y
            READ(1,*)
            READ(1,*) Z
            IF(X.GE.X0) WRITE(*,30) ABC,X,Y,Z
            IF(X.GE.X0) WRITE(2,31) X,Y,-Z
            GOTO 100
          ENDIF

! line 선 수심(시점, 종점 2지점 구성)

        ELSE IF(ABC(1:9).EQ.'AcDbLine ') THEN
          DO K=1,2
            READ(1,*)
            READ(1,*) X
            READ(1,*)
            READ(1,*) Y
            READ(1,*)
            READ(1,*) Z
            IF(X.GE.X0) WRITE(*,30) ABC,X,Y,-Z
            IF(X.GE.X0) WRITE(2,31) X,Y,-Z
          ENDDO
          GOTO 100
```

```
! polyline 선 수심(3지점 이상 구성)

      ELSE IF(ABC(1:12).EQ.'AcDbPolyline') THEN
        READ(1,*)
        READ(1,*) N
        DO K=1,3
          READ(1,*)
        ENDDO
        READ(1,*) ZZ
        READ(1,*) XX
        IF(XX.EQ.10) THEN
         Z = ZZ
         backspace 1
        ELSE IF(XX.EQ.38) THEN
         READ(1,*) Z
        ENDIF
        DO K=1,N
          READ(1,*)
          READ(1,*,IOSTAT=ISO) X
          READ(1,*)
          READ(1,*,IOSTAT=ISO) Y
          IF(X.GE.X0.AND.ABS(Z).LT.Z0) WRITE(*,30) ABC,X,Y,Z
          IF(X.GE.X0.AND.ABS(Z).LT.Z0) WRITE(2,31) X,Y,Z
        ENDDO
        GOTO 100

! 3dpolyline

      ELSE IF(ABC(1:20).EQ.'AcDb3dPolylineVertex') THEN
          READ(1,*)
          READ(1,*) X
          READ(1,*)
          READ(1,*) Y
```

```
              READ(1,*)
              READ(1,*) Z
              IF(X.GE.X0) WRITE(*,30) ABC,X,Y,Z
              IF(X.GE.X0) WRITE(2,31) X,Y,Z
              GOTO 100
          ELSE
              GOTO 100
          END IF
      ENDIF
      CLOSE(1)
      CLOSE(2)

30    FORMAT(A20,2F15.1,F15.2)
31    FORMAT(2F15.1,F15.2)
20    FORMAT(A20)
21    FORMAT(' ISO = 1, Error found ', A20)
C=================================================================
      STOP
      END
```

부록 2 | XYZ2BLN.FOR

```
      parameter            (nbd=100,nbp=100000)
      double precision     x(nbd,nbp),y(nbd,nbp),z(nbd,nbp)
      integer              n2mx(nbd)
      CHARACTER*20         FNINP,FNOUT
C==========================================================================

      open(unit=1,file='xyz2bln.ctl',status='old')

      READ(1,10) FNINP
      READ(1,10) FNOUT

      CLOSE(1)

10    FORMAT(20X,A20)
C==========================================================================
      open(unit=1,file=FNINP,status='old')
      open(unit=2,file='xyz_check.dat',status='unknown')

      n0 = 0
      n1 = 1
      n2 = 1

100   read(1,*,IOSTAT=ISO) x(n1,n2),y(n1,n2),z(n1,n2)
      if(iso.lt.0) goto 200

      if(n0.eq.0) then
```

```
            write(2,15)  n1,n2,x(n1,n2),y(n1,n2),z(n1,n2)
            n2          = n2 + 1
            n0          = n0 + 1
            goto 100
      endif

      if(z(n1,n2).eq.z(n1,n2-1))  then
            write(2,15)  n1,n2,x(n1,n2),y(n1,n2),z(n1,n2)
            n2          = n2 + 1
            n2mx(n1)    = n2
            n1mx        = n1
      else  if(z(n1,n2).ne.z(n1,n2-1))  then
            n1          = n1 + 1
            n22         = 1
            x(n1,1)     = x(n1-1,n2)
            y(n1,1)     = y(n1-1,n2)
            z(n1,1)     = z(n1-1,n2)
            write(2,15)  n1,n22,x(n1-1,n2),y(n1-1,n2),z(n1-1,n2)
            n2          = 2
      endif
      goto  100
200   close(2)
      close(1)
15    format(2i10,2f15.1,f15.2)
C=====================================================================
      open(unit=1,file=FNOUT,status='unknown')

      do  n1=1,n1mx
         write(1,20)  n2mx(n1)
         do  n2=1,n2mx(n1)-1
            write(1,30)  x(n1,n2),y(n1,n2),z(n1,n2)
         enddo
            write(1,30)  x(n1,1),y(n1,1),z(n1,1)
```

```
      enddo
      close(1)

20    format(i10,' ,   1')
30    format(2f15.1,f15.2)
C=================================================================
      stop
      end
```

부록 3 | SURFER2DEP.FOR

```
      double precision x,y,z
      CHARACTER*20  ABC,FNINP,FNOUT
C==================================================================
      open(unit=1,file='surfer2dep.ctl',status='old')

      READ(1,10) Z0
      READ(1,11) FNINP
      READ(1,11) FNOUT

      CLOSE(1)

10    FORMAT(20X,F10.0)
11    FORMAT(20X,A20)
C==================================================================
      open(unit=1,file=FNINP,status='old')
      open(unit=2,file=FNOUT,status='unknown')

100   read(1,*,IOSTAT=ISO) x,y,z
      if(iso.lt.0.) goto 200
      if(z.gt.1000.) z=z0
      write(2,20) x,y,z
      goto 100

200   close(1)
20    format(2f15.1,f10.2)
C==================================================================
      stop
      end
```

부록 4 | GRIDWORK1.FOR

```
C    본 프로그램은 GRID95 S/W의 출력파일인 ***.FEM파일에서
C    1. ***.FEM내 몇 가지 오류를 수정하여 ***.DXF파일을 만들어 수정여부를 확인하고,
C    2. GRIDEXT.INP을 생성하여 GEFDC 폴더에서 입력파일로 이용함.
C
C        IMAX          : 동서방향 최대격자수
C        IMAXP1        : IMAX+1
C        JMAX          : 남북방향 최대격자수
C        MMAXP1        : JMAX+1
C        NONODE        : 격자마디의 수, =IMAX*JMAX
C        NONODEP1      : ***.FEM파일의 NUM_NODE (중복 설정에 의한 오류로 인해 실제보다 많이 출력됨)
C        NOELEM        : 격자의 수,      =IMAX*JMAX
C        4 - positions of rectangular grid : 1 -lower left,   2 -lower right,
C                                            3 -upper right, 4 -upper left
C        NBL           : 박스의 총수
C        ND            : 방향 동, 서, 남, 북
C        NC            : 박스의 방향별 격자 최대수
C        IBN           : 동서 방향 박스의 수, I
C        JBN           : 남북 방향 박스의 수, J
C        X,Y           : EFDC 사용을 위해 수정된 격자 모서리의 좌표
C        N_NODE        : 박스 동서남북 격자수
C        NODE_ID       : 박스 동서남북 격자 번호
C===================================================================
      PARAMETER (ND=4,NC=200,IBN1=5,JBN1=5)
      PARAMETER (NONODEP11=1000000, NOELEMM=1000000)
      PARAMETER (NBLL=25,IMAXP11=1000,JMAXP11=1000)
      DOUBLE PRECISION   X_NODE(NONODEP11),Y_NODE(NONODEP11)
```

```
      INTEGER     N_ELEM(NOELEMM,4),N_NODE(NBLL,ND),NODE_ID(NBLL,ND,NC)
      DOUBLE PRECISION  X(IMAXP11,JMAXP11),Y(IMAXP11,JMAXP11)
      CHARACTER*20 FNINP,FNOUT1,FNOUT2,FNOUT3,FNOUT4,FNOUT5
C=================================================================
      open(unit=1,file='GRIDWORK1.CTL',status='old')
      READ(1,10) FNINP
      READ(1,10) FNOUT1
      READ(1,10) FNOUT2
      READ(1,10) FNOUT3
      READ(1,10) FNOUT4
      READ(1,10) FNOUT5
      READ(1,*)
      READ(1,*)
      READ(1,*)
      READ(1,*) IMAX,JMAX,NONODE
      READ(1,*)
      READ(1,*)
      READ(1,*) IMAX1,JMAX1,NONODEP1,NOELEM
      READ(1,*)
      READ(1,*)
      READ(1,*) NBL,IBN,JBN
      READ(1,*)
      DO K=1,NBL
         READ(1,*) (N_NODE(K,L),L=1,ND)
      ENDDO

      CLOSE(1)
10    FORMAT(20X,A20)
C=================================================================
CC      ***.FEM파일에서 격자좌표 읽어들임
CC================================================================
      open(unit=1,file=FNINP,status='old')
      open(unit=2,file=FNOUT1,status='unknown')
```

```
      DO I=1,NBL
        WRITE(2,*) I,(N_NODE(I,J), J=1,4)
      ENDDO
      DO L=1,7
         READ(1,*)
      ENDDO

      DO L=1,NONODE
         READ (1,11)   K,X_NODE(K),Y_NODE(K)
C         WRITE(*,*) K,X_NODE(K),Y_NODE(K)
      ENDDO
      READ(1,12)
      DO L=1,NOELEM
         READ (1,13)  K,(N_ELEM(L,M),M=1,4)
      ENDDO

      DO IB=1, NBL
         READ(1,*)
         DO ID=1, ND
           DO K=1,7
              READ(1,*)
           ENDDO

           DO IC=1, N_NODE(IB,ID)
              READ(1,*) NODE_ID(IB,ID,IC)
              WRITE(2,*) IB,ID,IC,NODE_ID(IB,ID,IC)
           ENDDO
         ENDDO
      ENDDO
      CLOSE(1)
C===================================================================
CC      오류제거 (1)   -   격자 모서리 순서 설정 오류 수정
CC==================================================================
```

```
      DO L = 1, NOELEM
         L1     = N_ELEM(L,1)
         L2     = N_ELEM(L,2)
         L3     = N_ELEM(L,3)
         L4     = N_ELEM(L,4)
         DO K   = 1,NOELEM
            IF(K.NE.L) THEN
            IF(N_ELEM(K,1).EQ.L4) THEN
               LU1    = N_ELEM(K,1)
               LU2    = N_ELEM(K,2)
               LU3    = N_ELEM(K,3)
               LU4    = N_ELEM(K,4)
            ENDIF
            IF(N_ELEM(K,4).EQ.L1) THEN
               LL1    = N_ELEM(K,1)
               LL2    = N_ELEM(K,2)
               LL3    = N_ELEM(K,3)
               LL4    = N_ELEM(K,4)
            ENDIF
            ENDIF
         ENDDO
         IF(LU3.GT.0.AND.LU3.LE.NONODEP1) THEN
            IF(Y_NODE(L2).GT.Y_NODE(LU3)) THEN
               X_NODE(L2) = X_NODE(LL3)
               Y_NODE(L2) = Y_NODE(LL3)
               N1=1
C               WRITE(2,*) N1,L,L1,L2,L3,L4,X_NODE(L2),Y_NODE(L2)
            ENDIF
         END IF

         IF(LL2.GT.0.AND.LL2.LE.NONODEP1) THEN
             IF(Y_NODE(L3).LT.Y_NODE(LL2)) THEN
               N2=2
```

```
                IF(Y_NODE(LL2).NE.Y_NODE(L2))THEN
                X_NODE(L3) = X_NODE(LU2)
                Y_NODE(L3) = Y_NODE(LU2)
C                WRITE(2,*) N2,L,L1,L2,L3,L4,Y_NODE(L3),Y_NODE(L2)
                END IF
                N3=3
              ENDIF
            END IF

           IF(Y_NODE(L2).GT.Y_NODE(L3)) THEN
              XL2         = X_NODE(L2)
              XL3         = X_NODE(L3)
              YL2         = Y_NODE(L2)
              YL3         = Y_NODE(L3)
              X_NODE(L2) =       XL3
              X_NODE(L3) =       XL2
              Y_NODE(L2) =       YL3
              Y_NODE(L3) =       YL2
              N3=3
C             WRITE(2,*) N3,L,L1,L2,L3,L4,X_NODE(L2),Y_NODE(L2)
           ENDIF
         ENDDO
            CLOSE(2)
C10     FORMAT(6/)
11     FORMAT(I5,2F21.10)
12     FORMAT(//)
13     FORMAT(I9,4I7)
14     FORMAT(20X,I10)
C=================================================================
C
C      DXF 파일출력
CC================================================================
       open(unit=1,file=FNOUT2,status='unknown')
```

```
      open(unit=2,file=FNOUT3,status='unknown')

      WRITE(1,30)
      WRITE(2,*) NOELEM
      DO L  = 1, NOELEM
         L1 = N_ELEM(L,1)
         L2 = N_ELEM(L,2)
         L3 = N_ELEM(L,3)
         L4 = N_ELEM(L,4)
         write(1,31)
         write(1,32) X_NODE(L1), Y_NODE(L1)
         write(1,32) X_NODE(L2), Y_NODE(L2)
         write(1,32) X_NODE(L3), Y_NODE(L3)
         write(1,32) X_NODE(L4), Y_NODE(L4)
         write(1,32) X_NODE(L1), Y_NODE(L1)
         write(1,33)
         WRITE(2,35) L,L1,L2,L3,L4
         write(2,36) X_NODE(L1), Y_NODE(L1)
         write(2,36) X_NODE(L2), Y_NODE(L2)
         write(2,36) X_NODE(L3), Y_NODE(L3)
         write(2,36) X_NODE(L4), Y_NODE(L4)
         write(2,36) X_NODE(L1), Y_NODE(L1)
      END DO
      WRITE(1,34)
          CLOSE(1)
          CLOSE(2)

31    FORMAT('  0',/,'POLYLINE',/,'  8',/,'GRID',/,' 66',/,'      1')
32    FORMAT('  0',/,'VERTEX',/,'  8',/,'GRID',/,' 10',/,F12.3,/,
     +        ' 20',/,F12.3)
33    FORMAT('  0',/,'SEQEND')
34    FORMAT('  8',/,'GRID',/,'  0',/,'ENDSEC',/,'  0',/,'EOF')
30    FORMAT('  0',/,'SECTION',/,'  2',/,'ENTITIES')
```

```
35    FORMAT(5I10)
36    FORMAT(2F12.1)
C======================================================================
C
C     오류제거 (2)   - 중복 설정에 의한 오류 수정
CC=====================================================================
      DO L  = 1, NONODEP1
         M  = 0
         N  = L
         DO K = 1, NONODEP1
           IF(K.NE.L) THEN
           IF(X_NODE(L).EQ.X_NODE(K).AND.Y_NODE(L).EQ.Y_NODE(K)) THEN
             WRITE(2,*) L,K
             N  = K
             M  = 1
           ENDIF
           ENDIF
        ENDDO
        IF(M.EQ.0) THEN
           X_NODE(L)= X_NODE(N)
           Y_NODE(L)= Y_NODE(N)
        ENDIF
      ENDDO
C======================================================================
CC     EFDC 사용을 위한 격자 순서 재정렬
CC=====================================================================
      open(unit=1,file=FNOUT4,status='unknown')

      NJ  = 0
      DO J = 1,JBN
         NJ = N_NODE(J,1) + NJ         ! 남북 방향 J 격자의 총 수
      END DO
```

```
ILAST   = 0
DO IB   = 1, NBL, JBN               ! 전체 박스 중 남측 박스 (1과 4)만 선택
   NI       = N_NODE(IB,3)-1
   ILAST    = ILAST + NI
   IFIRST   = ILAST - NI + 1
   II       = 0
   DO I   = IFIRST,ILAST            ! 박스 남측 동서 I 방향 격자 수
      II   = II + 1
      LL = NODE_ID(IB,3,II)
      DO 100 J = 1, NJ              ! 서측 박스 J 방향 격자의 총 수
         DO L = 1,NOELEM            ! 모든 격자의 모서리
            L1      = N_ELEM(L,1)
            L2      = N_ELEM(L,2)
            L3      = N_ELEM(L,3)
            L4      = N_ELEM(L,4)
            IF(J.EQ.1.AND.L1.EQ.LL) THEN
               X(I,J) = X_NODE(L1)
               Y(I,J) = Y_NODE(L1)
               I1      = 1
               WRITE(1,*) I,J,X(I,J),Y(I,J)
               LL4      = L4
               LL3      = L3
               GOTO 100
            ELSE IF(L1.EQ.LL4) THEN
               X(I,J) = X_NODE(L1)
               Y(I,J) = Y_NODE(L1)
               I2      = 2
               WRITE(1,*) I,J,X(I,J),Y(I,J)
               LL4      = L4
               LL3      = L3
               GOTO 100
            ELSE IF(L2.EQ.LL3) THEN
               X(I,J) = X_NODE(L1)
```

```
                    Y(I,J) = Y_NODE(L1)
                    I3     = 3
                    WRITE(1,*) I,J,X(I,J),Y(I,J)
                    LL4    = L4
                    LL3    = L3
                    GOTO 100
                  ENDIF
                ENDDO
100           CONTINUE
            ENDDO
          ENDDO
          CLOSE(1)
C==================================================================
C
C     GRIDEXT.INP 파일출력
CC=================================================================
      open(unit=1,file=FNOUT5,status='unknown')
      DO I = 1, IMAX
      DO J = 1, JMAX
         WRITE(1,40) I, J, X(I,J), Y(I,J)
      ENDDO
      ENDDO
      CLOSE(1)
40    FORMAT(2I10,2F15.1)
C==================================================================
      STOP
      END
```

부록 5 | GRIDWORK2.FOR

```
C     본 프로그램은 GRIDEXT.INP파일과 수심보간(***_100m.DAT, SURFER)를 이용하여
C     격자의 평균 수심(DEPDAT.INP) 및 격자의 정체(CELL.INP, DRY AND WET)를 결정함
C     IMAX,JMAX : 계산영역 격자 행렬 (GRIDEXT.INP)
C     X0,Y0      : 계산영역 X,Y방향 최소값 혹은 LOWER LEFT좌표 X(1,1),Y(1,1)
C     Z0         : 조간대 최대수심(음의 부호에 유의), 이보다 클 경우 Z0로 동일하게 육상구간으로 설정
C     DX         : 수심보간거리
      PARAMETER (IMAX = 1000, JMAX=1000)
      REAL      XFEM(IMAX,JMAX),YFEM(IMAX,JMAX)
      REAL      X1(IMAX,JMAX),Y1(IMAX,JMAX),X2(IMAX,JMAX),Y2(IMAX,JMAX)
      REAL      X3(IMAX,JMAX),Y3(IMAX,JMAX),X4(IMAX,JMAX),Y4(IMAX,JMAX)
      REAL      Z (IMAX,JMAX)
      INTEGER   IWET(IMAX,JMAX)
      REAL      Z1(200000,200000)      ! 기준점으로 부터 보간시 충분한 격자공간 할당
      CHARACTER*20 FNINP1,FNINP2,FNOUT1,FNOUT2,FNOUT3

C=======================================================================
C     READ INPUT FILES   :  GRIDEXT.INP
C                        :  TEST_DEPTH.DAT
C     WRITE OUTPUT FILES  :  CELL_EDITED.inp
C                        :  DEPDAT.INP
C=======================================================================
      open(unit=1,file='GRIDWORK2.CTL',status='old')
      READ(1,10) FNINP1
      READ(1,10) FNINP2
      READ(1,10) FNOUT1
      READ(1,10) FNOUT2
```

```
      READ(1,10) FNOUT3
      READ(1,*)
      READ(1,*)
      READ(1,*) IC,JC
      READ(1,*)
      READ(1,*) X0,Y0,Z0,DX

      CLOSE(1)
10    FORMAT(20X,A20)
C=============================================================
C
C     Read Gridext.inp file for gefdc.f
CC============================================================
      open(unit=1,file=FNINP1,status='old')

      L    =1
100   READ (1,*,IOSTAT=ISO) I,J,XFEM(I,J),YFEM(I,J)
      L    =L+1
      IF(ISO.EQ.0) GOTO 100
      CLOSE(1)
C  격자 모서리 4마디에 좌표값 입력 X1,Y1-LOWER LEFT ; X2,Y2-LOWER RIGHT
C                                   X3,Y3-UPPER RIGHT; X4,Y4-UPPER LEFT
      DO I=1,IC
         IP1=I+1
         DO J=1,JC
            JP1=J+1
            X1(I,J)=XFEM(I   ,J   )
            Y1(I,J)=YFEM(I   ,J   )
            X2(I,J)=XFEM(IP1,J   )
            Y2(I,J)=YFEM(IP1,J   )
            X3(I,J)=XFEM(IP1,JP1)
            Y3(I,J)=YFEM(IP1,JP1)
            X4(I,J)=XFEM(I   ,JP1)
```

```
          Y4(I,J)=YFEM(I   ,JP1)
        ENDDO
        IWET(I,J) =0
      ENDDO
      CLOSE(1)
C==========================================================
C     READ Z VALUES FROM ***_100m.DAT FROM S/W SURFER
C==========================================================
      open(unit=1,file=FNINP2,status='old')
      open(unit=2,file=FNOUT1,status='UNKNOWN')

      L    =1
200   READ(1,*,IOSTAT=ISO) XP,YP,ZP
      IX=INT((XP-X0+DX-.1)/DX+1)
      JY=INT((YP-Y0+DX-.1)/DX+1)
      IF(XP.GE.X0.AND.YP.GE.Y0)THEN
        Z1(IX,JY)=ZP
        IF(Z1(IX,JY).LT.Z0) Z1(IX,JY)=Z0
        IF(IX.EQ.377.AND.JY.GE.395.AND.JY.LE.405) THEN
         ENDIF
      ENDIF
      IF(ISO.EQ.0) GOTO 200
20    FORMAT(2I10,2F10.0,2F10.1)
      CLOSE(1)
      DO J=2,JC   -1
        XL=X1(I,J)-X0
        XU=X2(I,J)-X0
        YL=Y1(I,J)-Y0
        YU=Y4(I,J)-Y0
        IXL=INT(XL/DX+1)
        IXU=INT(XU/DX+1)
        JXL=INT(YL/DX+1)
        JXU=INT(YU/DX+1)
```

```
      ZSUM=0.
      M=0

      DO I1=IXL,IXU
      DO J1=JXL,JXU
          M=M+1
          ZSUM=ZSUM+Z1(I1,J1)
       IF(I.EQ.31.AND.J.GE.28.AND.J.LE.33) THEN
          WRITE(2,*) I,J,I1,J1,M,Z1(I1,J1),ZSUM
       ENDIF
      END DO
      END DO
      Z(I,J)=ZSUM/REAL(M)
       IF(I.EQ.4.AND.J.EQ.98) THEN
C          WRITE(2,*) I,J, IXL,IXU,JXL,JXU,M,Z(I,J)
       ENDIF
      IF(Z(I,J).LE.Z0) THEN
        Z(I,J)     =Z0
        IWET(I,J)=0
      ELSE
        IWET(I,J)=5
      END IF
   END DO
   END DO
   CLOSE(2)
C==================================================================
C    WRITE CELL.INP
C==================================================================
   open(unit=1,file=FNOUT2,status='UNKNOWN')
   NNUM    =120
   NPAGE   =INT((IC   -1)/NNUM)+1
   NFIRST  =1
   NLAST   =NNUM
```

```
      IF(NLAST.GT.IC) NLAST=IC
      DO N    =1,NPAGE
        DO J=JC  ,1,-1
          WRITE(1,30) J,(IWET(I,J),I=NFIRST,NLAST)
        END DO
        NFIRST=NFIRST+NNUM
        NLAST =NLAST +NNUM
        IF(NLAST.GT.IC   ) NLAST=IC
      ENDDO
      CLOSE(1)
30    FORMAT(I3,2X,120I1)
C=====================================================================
C     WRITE DEP.DAT FOR GEFDC.FOR
C=====================================================================
      open(unit=1,file=FNOUT3,status='UNKNOWN')

      DO I=2,IC  -1
      DO J=2,JC  -1
        WRITE(1,40) I,J,X1(I,J),Y1(I,J),Z(I,J)
      END DO
      END DO
      CLOSE(1)
40    FORMAT(2I10,2F15.1,F15.3)
C=====================================================================
      STOP
      END
```

부록 6 | MAKE_CELLINP.FOR

```
C    본 프로그램은 초벌 격자자료를 수정하여 CELL.INP와 CELLLT.INP 파일 작성함.
C       수정과정은 GRID.DXF를 수치해도 TEST.DWG와 겹쳐 놓은 상태에서 눈으로
C       확인하여 CELL_EDITED.INP파일을 작성함.
C       parameter (INUM1=500,JNUM1=500,NONODEP11=1000000)
        dimension IWET(INUM1,JNUM1),X(INUM1,JNUM1),Y(INUM1,JNUM1)
        CHARACTER*20 FNINP1,FNINP2,FNINP3,FNOUT1,FNOUT2,FNOUT3
C=====================================================================
C READ INPUT FILE : CELL_EDITED.INP ! FROM 2_GRID2CELL FOLDER 격자 정체(0,1,2,3,4,5)
  손으로 수정한 파일
C  WRITE OUTPUT FILE  : CELL.INP          ! TO   GEFDC      FOLDER
C                       CELLLT.INP        ! TO   GEFDC      FOLDER
C=====================================================================
        open(unit=1,file='MAKE_CELLINP.CTL',status='old')
        READ(1,10) FNINP1
        READ(1,10) FNINP2
        READ(1,10) FNOUT1
        READ(1,10) FNOUT2
        READ(1,10) FNOUT3
        READ(1,*)
        READ(1,*)
        READ(1,*)
        READ(1,*) IMAX,JMAX

        CLOSE(1)
10      FORMAT(20X,A20)
C=====================================================================
C            READ CELL_EDITED.INP
```

```
C===================================================================
      open(unit=1,file=FNINP1,status='old')
      NNUM   =imax
      NPAGE  =INT((IMAX-1)/NNUM)+1
      NFIRST =1
      NLAST  =NNUM
      DO N   =1,NPAGE
         DO J=JMAX,1,-1
            READ(1,20) (IWET(I,J),I=NFIRST,NLAST)
         END DO
         NFIRST=NFIRST+NNUM
         NLAST =NLAST +NNUM
         IF(NLAST.GT.IMAX) NLAST=IMAX
      ENDDO
      CLOSE(1)
20    FORMAT(5x,120I1)
C===================================================================
C          READ CELL_EDITED.INP
C===================================================================
      open(unit=1,file=FNINP2,status='old')
50    READ(1,*,IOSTAT=ISO) I, J, X(I,J), Y(I,J)
      IF(ISO.EQ.0) GOTO 50

      CLOSE(1)
C===================================================================
C     REDEFINE ICEL DESIGNATION 9 FOR DRY CELL BORDERING WET
C     AND OPEN BD CELLS
C===================================================================
      DO J=1,JMAX-1
         jp1=j+1
            DO I=1,IMAX-1
               IP1=I+1
               IF(IWET(I,J).EQ.0) THEN
```

```
            IF(IWET(IP1,J).GT.0.AND.IWET(IP1,J).LE.5) IWET(I,J)=9 !경계,육지를둘러쌓은 경계
          ELSE IF(IWET(IP1,J).EQ.0) THEN
            IF(IWET(IP1,J).GT.0.AND.IWET(I,J).LE.5) IWET(IP1,J)=9
          END IF
          IF(IWET(I,J).EQ.0) THEN
            IF(IWET(I,JP1).GT.0.AND.IWET(I,Jp1).LE.5) IWET(I,J)=9
          ELSE IF(IWET(I,JP1).EQ.0) THEN
            IF(IWET(I,J).GT.0.AND.IWET(I,J).LE.5) IWET(I,Jp1)=9
          END IF
        END DO
      END DO
      DO I=2,IMAX-1
        IP1=I+1
        IM1=I-1
        DO J=2,JMAX-1
          JP1=J+1
          JM1=J-1
          IF(IWET(I,J).EQ.5) THEN
      IF(IWET(IM1,J).EQ.9.AND.IWET(I,JM1).EQ.9) IWET(IM1,JM1)=9
      IF(IWET(IP1,J).EQ.9.AND.IWET(I,JM1).EQ.9) IWET(IP1,JM1)=9
      IF(IWET(I,JP1).EQ.9.AND.IWET(IM1,J).EQ.9) IWET(IM1,JP1)=9
      IF(IWET(IP1,J).EQ.9.AND.IWET(I,JP1).EQ.9) IWET(IP1,JP1)=9
      IF(IWET(IP1,J).EQ.0)                      IWET(IP1,J  )=9
      IF(IWET(IP1,J).EQ.9.AND.IWET(IP1,JP1).EQ.0) IWET(IP1,JP1)=9
          END IF
     IF(IWET(I,J).EQ.5) THEN
      IF(IWET(I,JM1).EQ.9.AND.IWET(IP1,J).EQ.9) IWET(IP1,JM1)=9
     END IF
        END DO
      END DO
C==============================================================
C     WRITE CELL.INP FILE
C==============================================================
```

```
open(unit=1,file=FNOUT1,status='unknown')

 WRITE(1,100)
     WRITE(1,101)
     WRITE(1,102)
     WRITE(1,103)
NNUM   =imax
NPAGE  =INT((IMAX-1)/NNUM)+1
NFIRST =1
NLAST  =NNUM
DO N   =1,NPAGE
   DO J=JMAX,1,-1
      WRITE(1,104) J, (IWET(I,J),I=NFIRST,NLAST)
   END DO
   NFIRST=NFIRST+NNUM
   NLAST =NLAST +NNUM
   IF(NLAST.GT.IMAX) NLAST=IMAX
ENDDO
CLOSE(1)

open(unit=1,file=FNOUT2,status='unknown')
 WRITE(1,100)
     WRITE(1,101)
     WRITE(1,102)
     WRITE(1,103)
NNUM   =imax
NPAGE  =INT((IMAX-1)/NNUM)+1
NFIRST =1
NLAST  =NNUM
DO N   =1,NPAGE
   DO J=JMAX,1,-1
      WRITE(1,104) J, (IWET(I,J),I=NFIRST,NLAST)
   END DO
```

```
         NFIRST=NFIRST+NNUM
         NLAST =NLAST +NNUM
         IF(NLAST.GT.IMAX) NLAST=IMAX
      ENDDO
      CLOSE(1)

100   FORMAT('C CELL.INP ')
101   FORMAT('C     0          1          2          3          4          5
     '     6          7          8          9          0          1
     '2')
102   FORMAT('C     1234567890123456789012345678901234567890123456789012
     '4567890123456789012345678901234567890123456789012345678901234567890123456789
     '0')
103   FORMAT('C ')
104   FORMAT(I3,2X,120I1)
C=====================================================================
C
C     DXF 파일출력
C=====================================================================
      open(unit=1,file=FNOUT3,status='unknown')

      WRITE(1,30)
      DO I  = 1, IMAX
      DO J  = 1, JMAX
         IF(IWET(I,J).EQ.5) THEN
         write(1,31)
         write(1,32) X(I  ,J  ), Y(I  ,J  )
         write(1,32) X(I+1,J  ), Y(I+1,J  )
         write(1,32) X(I+1,J+1), Y(I+1,J+1)
         write(1,32) X(I  ,J+1), Y(I  ,J+1)
         write(1,32) X(I  ,J  ), Y(I  ,J  )
         write(1,33)
         ELSE IF(IWET(I,J).EQ.1) THEN
```

```
        write(1,31)
        write(1,32) X(I   ,J   ), Y(I   ,J   )
        write(1,32) X(I+1,J   ), Y(I+1,J   )
        write(1,32) X(I   ,J+1), Y(I   ,J+1)
        write(1,32) X(I   ,J   ), Y(I   ,J   )
        write(1,33)
        ELSE IF(IWET(I,J).EQ.2) THEN
        write(1,31)
        write(1,32) X(I   ,J   ), Y(I   ,J   )
        write(1,32) X(I+1,J+1), Y(I+1,J+1)
        write(1,32) X(I   ,J+1), Y(I   ,J+1)
        write(1,32) X(I   ,J   ), Y(I   ,J   )
        write(1,33)
        ELSE IF(IWET(I,J).EQ.3) THEN
        write(1,31)
        write(1,32) X(I+1,J   ), Y(I+1,J   )
        write(1,32) X(I+1,J+1), Y(I+1,J+1)
        write(1,32) X(I   ,J+1), Y(I   ,J+1)
        write(1,32) X(I+1,J   ), Y(I+1,J   )
        write(1,33)
        ELSE IF(IWET(I,J).EQ.4) THEN
        write(1,31)
        write(1,32) X(I   ,J   ), Y(I   ,J   )
        write(1,32) X(I+1,J   ), Y(I+1,J   )
        write(1,32) X(I+1,J+1), Y(I+1,J+1)
        write(1,32) X(I   ,J   ), Y(I   ,J   )
        write(1,33)
        ENDIF
    END DO
    END DO
    WRITE(1,34)
        CLOSE(1)
```

```
31    FORMAT('   0',/,'POLYLINE',/,'   8',/,'GRID',/,'  66',/,'        1')
32    FORMAT('   0',/,'VERTEX',/,'   8',/,'GRID',/,'  10',/,F12.3,/,
   +          '  20',/,F12.3)
33    FORMAT('   0',/,'SEQEND')
34    FORMAT('   8',/,'GRID',/,'   0',/,'ENDSEC',/,'   0',/,'EOF')
30    FORMAT('   0',/,'SECTION',/,'   2',/,'ENTITIES')
111   FORMAT(7I10)
112   FORMAT(3I5,4F15.1)
C==================================================================
      stop
      end
```

부록 7 | MAKE_OBC.FOR

```
C    NB       : 방향별 개방경계의 최대수
C    NFL      : 4개 방향 개방경계의 수
C    NBC      : 1개 개방경계 최대 격자수
C    SIF,SIL  : 남측 3개 개방경계 I방향 시작점 3개 끝점 3개
C    SJF,SJL  : 남측 3개 개방경계 J방향 시작점 3개 끝점 3개
C    WIF,WIL  : 서측 3개 개방경계 I방향 시작점 3개 끝점 3개
C    WJF,WJL  : 서측 3개 개방경계 J방향 시작점 3개 끝점 3개
C    EIF,EIL  : 동측 3개 개방경계 I방향 시작점 3개 끝점 3개
C    EJF,EJL  : 동측 3개 개방경계 J방향 시작점 3개 끝점 3개
C    NIF,NIL  : 북측 3개 개방경계 I방향 시작점 3개 끝점 3개
C    NJF,NJL  : 북측 3개 개방경계 J방향 시작점 3개 끝점 3개
C
C    SURFACE AND BOTTOM LAYERS
C    NTSCR: NUMBER OF TIME STEPS TO RECOVER SPECIFIED VALUES ON
CHANGE TO INFLOW FROM OUTFLOW
C    NSSER: BOUNDARY CELL SALINITY TIME SERIES ID NUMBER
C    NTSER: BOUNDARY CELL TEMPERATURE TIME SERIES ID NUMBER
C    NDSER: BOUNDARY CELL DYE CONC TIME SERIES ID NUMBER
C    NSFSER: BOUNDARY CELL SHELLFISH LARVAE TIME SERIES ID NUMBER
C    NTXSER: BOUNDARY CELL TOXIC CONTAMINANT CONC TIME SERIES ID NUM.
C    NSDSER: BOUNDARY CELL COHESIVE SED CONC TIME SERIES ID NUMBER
C    NSNSER: BOUNDARY CELL NON-COHESIVE SED CONC TIME SERIES ID NUMBER
C
C    SURFACE AND BOTTOM LAYERS
C    SAL: ULTIMATE INFLOWING SALINITY
C    TEM: ULTIMATE INFLOWING TEMPERATURE
```

```
C       DYE:  ULTIMATE INFLOWING DYE CONCENTRATION
C       SFL:  ULTIMATE INFLOWING SHELLFISH LARVAE CONCENTRAION
C       TOX:  NTOX ULTIMATE INFLOWING TOXIC CONTAMINANT CON.
C       SED:  NSED ULTIMATE INFLOWING COHESIVE SEDIMENT CON.
C       SND:  NSND ULTIMATE INFLOWING NON-COHESIVE SEDIMENT CON.

        PARAMETER (NB=3,NHC=4,IMX=500,JMX=500,NBC=200)
        INTEGER     NFL(4)
        INTEGER     SIF(NB),SJF(NB),WIF(NB),WJF(NB)
        INTEGER     EIF(NB),EJF(NB),NIF(NB),NJF(NB)
        INTEGER     SIL(NB),SJL(NB),WIL(NB),WJL(NB)
        INTEGER     EIL(NB),EJL(NB),NIL(NB),NJL(NB)
        CHARACTER*20 FNINP,FNOUT1,FNOUT2,FNOUT3,FNOUT4,FNOUT5

        INTEGER     NTSCR(4),NSSER(4),NTSER(4),NDSER(4)
        INTEGER     NSFSER(4),NTXSER(4),NSDSER(4),NSNSER(4)
        REAL        SAL(2,4),TEM(2,4),DYE(2,4),SFL(2,4),TOX1(2,4)
        REAL        SED1(2,4),SND1(2,4),SND2(2,4),SND3(2,4),SND4(2,4)
        REAL        AS(NHC),X(IMX,JMX),Y(IMX,JMX)
        REAL        AMP(4,NB,2,NHC),PHA(4,NB,2,NHC)
        REAL        AMPS(NBC,NHC),PHAS(NBC,NHC)
        REAL        AMPW(NBC,NHC),PHAW(NBC,NHC)
        REAL        AMPE(NBC,NHC),PHAE(NBC,NHC)
        REAL        AMPN(NBC,NHC),PHAN(NBC,NHC)
C=====================================================================
        open(unit=1,file='MAKE_OBC.CTL',status='old')

        READ(1,90) FNINP
        READ(1,90) FNOUT1
        READ(1,90) FNOUT2
        READ(1,*)  LC
        READ(1,*)
        READ(1,*) (NFL(K),K=1,4)
```

```
      READ(1,*)
      READ(1,*) (SIF(K),K=1,NB)
      READ(1,*) (SJF(K),K=1,NB)
      READ(1,*) (WIF(K),K=1,NB)
      READ(1,*) (WJF(K),K=1,NB)
      READ(1,*) (EIF(K),K=1,NB)
      READ(1,*) (EJF(K),K=1,NB)
      READ(1,*) (NIF(K),K=1,NB)
      READ(1,*) (NJF(K),K=1,NB)
      READ(1,*)
      READ(1,*) (SIL(K),K=1,NB)
      READ(1,*) (SJL(K),K=1,NB)
      READ(1,*) (WIL(K),K=1,NB)
      READ(1,*) (WJL(K),K=1,NB)
      READ(1,*) (EIL(K),K=1,NB)
      READ(1,*) (EJL(K),K=1,NB)
      READ(1,*) (NIL(K),K=1,NB)
      READ(1,*) (NJL(K),K=1,NB)
      READ(1,*)
      DO K=1,4
         READ(1,*) NTSCR(K),NSSER(K),NTSER(K),NDSER(K),
     :             NSFSER(K),NTXSER(K),NSDSER(K),NSNSER(K)
      ENDDO
      READ(1,*)
      DO K=1,4
         READ(1,*) SAL(1,K),TEM(1,K),DYE(1,K),SFL(1,K),TOX1(1,K),
     :             SED1(1,K),SND1(1,K),SND2(1,K),SND3(1,K),SND4(1,K)
      ENDDO
      READ(1,*)
      DO K=1,4
         READ(1,*) SAL(2,K),TEM(2,K),DYE(2,K),SFL(2,K),TOX1(2,K),
     :             SED1(2,K),SND1(2,K),SND2(2,K),SND3(2,K),SND4(2,K)
      ENDDO
```

```
      DO K1=1,4
      READ(1,*)
      READ(1,*)
      DO K4=1,NHC
         READ(1,91) (AMP(K1,K2,1,K4),AMP(K1,K2,2,K4),K2=1,NB)
         READ(1,91) (PHA(K1,K2,1,K4),PHA(K1,K2,2,K4),K2=1,NB)
      ENDDO
      ENDDO
      READ(1,*)
      DO K=1,4
         READ(1,*) AS(K)
      ENDDO
      CLOSE(1)

90    FORMAT(20X,A20)
91    FORMAT(7X,6F8.3)
C==================================================================
C
C     PRINT EFDC_OBC.DAT
C==================================================================
      open(unit=1,file=FNOUT1,status='UNKNOWN')
C==================================================================
C18 PERIODIC FORCING (TIDAL) SURF ELEV OR PRESSURE ON SOUTH OPEN
BOUNDARIES
C
C   IPBS:     I CELL INDEX OF BOUNDARY CELL
C   JPBS:     J CELL INDEX OF BOUNDARY CELL
C   ISPBS: 0 FOR ELEVATION SPECIFIED
C   1 FOR RADIATION-SEPARATION CONDITION, ZERO TANGENTIAL VELOCITY
C   2 FOR RADIATION-SEPARATION CONDITION, FREE TANGENTIAL VELOCITY
C   NPFORS:   APPLY HARMONIC FORCING NUMBER NPFORS
C   NPSERS:   APPLY TIME SERIES FORCING NUMBER NPSERS
C   TPCOORDS: TANGENTIAL COORIDINATE ALONG BOUNDARY (NPFORT.GE.1)
```

```
C18  IPBS    JPBS   ISPBS  NPFORS   NPSERS  TPCOORDS
C     2       2       0      1        0        0
C     3       2       0      2        0        0
C=====================================================================
      ISPB=0
      NPSER=0
      NTPCOORD=0
C=====================================================================
C     남측경계
C=====================================================================
      NPFORS = 0
      IF(NFL(1).GT.0) THEN
      WRITE(1,11)
      DO L=1,NFL(1)
         IFIRST = SIF(L)
         ILAST  = SIL(L)
         J      = SJF(L)
         DO I=IFIRST,ILAST
            NPFORS = NPFORS + 1
            WRITE(1,15) I,J,ISPB,NPFORS,NPSER,NTPCOORD
         ENDDO
      ENDDO
      ENDIF
C=====================================================================
C     서측경계
C=====================================================================
      IF(NFL(2).GT.0) THEN
      NPFORW = NPFORS
      WRITE(1,12)
      DO L=1,NFL(2)
         JFIRST = WJF(L)
         JLAST  = WJL(L)
         I      = WIF(L)
```

```
         DO J=JFIRST,JLAST
            NPFORW = NPFORW + 1
            WRITE(1,15) I,J,ISPB,NPFORW,NPSER,NTPCOORD
         ENDDO
      ENDDO
      ENDIF
C==============================================================
C     동측경계
C==============================================================
      IF(NFL(3).GT.0) THEN
      NPFORE = NPFORW
      WRITE(1,13)
      DO L=1,NFL(3)
         JFIRST = EJF(L)
         JLAST  = EJL(L)
         I      = EIF(L)
         DO J=JFIRST,JLAST
            NPFORE = NPFORE + 1
            WRITE(1,15) I,J,ISPB,NPFORE,NPSER,NTPCOORD
         ENDDO
      ENDDO
      ENDIF
C==============================================================
C     북측경계
C==============================================================
      IF(NFL(4).GT.0) THEN
      NPFORN = NPFORE
      WRITE(1,14)
      DO L=1,NFL(4)
         IFIRST = NIF(L)
         ILAST  = NIL(L)
         J      = NJF(L)
         DO I=IFIRST,ILAST
```

```
            NPFORN = NPFORN + 1
            WRITE(1,15) I,J,ISPB,NPFORN,NPSER,NTPCOORD
          ENDDO
        ENDDO
        ENDIF

11    FORMAT('C18    IPBS      JPBS      ISPBS      NPFORS      NPSERS',
     :         '  TPCOORD')
12    FORMAT('C19    IPBW      JPBW      ISPBW      NPFORW      NPSERW',
     :         '  TPCOORD')
13    FORMAT('C20    IPBE      JPBE      ISPBE      NPFORE      NPSERE',
     :         '  TPCOORD')
14    FORMAT('C21    IPBN      JPBN      ISPBN      NPFORN      NPSERN',
     :         '  TPCOORD')
15    FORMAT(6I10)
C=====================================================================
C52 LOCATION OF CONC BC'S ON WEST BOUNDARIES AND SERIES IDENTIFIERS
C
C  ICBW:      I CELL INDEX
C  JCBW:      J CELL INDEX
C  NTSCRW:  NUMBER OF TIME STEPS TO RECOVER SPECIFIED VALUES ON CHANGE
TO INFLOW FROM OUTFLOW
C  NSSERW:   WEST BOUNDARY CELL SALINITY TIME SERIES ID NUMBER
C  NTSERW:   WEST BOUNDARY CELL TEMPERATURE TIME SERIES ID NUMBER
C  NDSERW:   WEST BOUNDARY CELL DYE CONC TIME SERIES ID NUMBER
C  NSFSERW: WEST BOUNDARY CELL SHELLFISH LARVAE TIME SERIES ID NUMBER
C  NTXSERW: WEST BOUNDARY CELL TOXIC CONTAMINANT CONC TIME SERIES ID NUM.
C  NSDSERW: WEST BOUNDARY CELL COHESIVE SED CONC TIME SERIES ID NUMBER
C  NSNSERW: WEST BOUNDARY CELL NON-COHESIVE SED CONC TIME SERIES ID NUMBER
C
C52 IBBW JBBW NTSCRW NSSERW NTSERW NDSERW NSFSERW NTXSERW NSDSERW NSNSERW
C    2    3    360      0      0      0       0       0       0       0
C    2    4    360      0      0      0       0       0       0       0
```

```
C==================================================================
C       남측경계
C==================================================================
        IF(NFL(1).GT.0) THEN
        WRITE(1,21)
        DO L=1,NFL(1)
           IFIRST = SIF(L)
           ILAST  = SIL(L)
           J      = SJF(L)
           DO I=IFIRST,ILAST
              WRITE(1,25) I,J,NTSCR(1),NSSER(1),NTSER(1),NDSER(1),
     :                    NSFSER(1),NTXSER(1),NSDSER(1),NSNSER(1)
           ENDDO
        ENDDO
        ENDIF
C==================================================================
C       서측경계
C==================================================================
        IF(NFL(2).GT.0) THEN
        WRITE(1,22)
        DO L=1,NFL(2)
           JFIRST = WJF(L)
           JLAST  = WJL(L)
           I      = WIF(L)
           DO J=JFIRST,JLAST
              WRITE(1,25) I,J,NTSCR(2),NSSER(2),NTSER(2),NDSER(2),
     :                    NSFSER(2),NTXSER(2),NSDSER(2),NSNSER(2)
           ENDDO
        ENDDO
        ENDIF
C==================================================================
C       동측경계
C==================================================================
```

```
      IF(NFL(3).GT.0) THEN
      WRITE(1,23)
      DO L=1,NFL(3)
        JFIRST = EJF(L)
        JLAST  = EJL(L)
        I      = EIF(L)
        DO J=JFIRST,JLAST
          WRITE(1,25) I,J,NTSCR(3),NSSER(3),NTSER(3),NDSER(3),
     :                NSFSER(3),NTXSER(3),NSDSER(3),NSNSER(3)
        ENDDO
      ENDDO
      ENDIF
C==================================================================
C     북축경계
C==================================================================
      IF(NFL(4).GT.0) THEN
      WRITE(1,24)
      DO L=1,NFL(4)
        IFIRST = NIF(L)
        ILAST  = NIL(L)
        J      = NJF(L)
        DO I=IFIRST,ILAST
          WRITE(1,25) I,J,NTSCR(4),NSSER(4),NTSER(4),NDSER(4),
     :                NSFSER(4),NTXSER(4),NSDSER(4),NSNSER(4)
        ENDDO
      ENDDO
      ENDIF

21    FORMAT('C47  IBBS JBBS NTSCRS NSSERS NTSERS NDSERS NSFSERS',
     :       ' NTXSERS NSDSERS NSNSER')
22    FORMAT('C52  IBBW JBBW NTSCRW NSSERW NTSERW NDSERW NSFSERW',
     :       ' NTXSERW NSDSERW NSNSER')
23    FORMAT('C57  IBBE JBBE NTSCRE NSSERE NTSERE NDSERE NSFSERE',
```

```
     :        ' NTXSERE NSDSERE NSNSER')
24   FORMAT('C62  IBBN JBBN NTSCRN NSSERN NTSERN NDSERN NSFSERN',
     :        ' NTXSERN NSDSERN NSNSER')
25   FORMAT(10I5)
C==============================================================
C53 TIME CONSTANT BOTTOM CONC ON WEST CONC BOUNDARIES
C
C  SAL: ULTIMATE INFLOWING BOTTOM LAYER SALINITY
C  TEM: ULTIMATE INFLOWING BOTTOM LAYER TEMPERATURE
C  DYE: ULTIMATE INFLOWING BOTTOM LAYER DYE CONCENTRATION
C  SFL: ULTIMATE INFLOWING BOTTOM LAYER SHELLFISH LARVAE CONC,
C  TOX: NTOX ULTIMATE INFLOWING BOTTOM LAYER TOXIC CONTAMINANT
C       CONCENTRATIONS NTOX VALUES TOX(N), N=1,NTOX
C
C53  SAL     TEM     DYE     SFL     TOX1
C 33  0  0  0
C 33  0  0  0
C==============================================================
C54 TIME CONSTANT BOTTOM CONC ON WEST CONC BOUNDARIES
C
C  SED: NSED ULTIMATE INFLOWING BOTTOM LAYER COHESIVE SEDIMENT
C       CONCENTRAIONS  FIRST NSED VALUES SED(N), N=1,NSND
C  SND: NSND ULTIMATE INFLOWING BOTTOM LAYER NON-COHESIVE SEDIMENT
C       CONCENTRATIONS LAST NSND VALUES SND(N), N=1,NSND
C
C54   SED1    SND1    SND2    SND3    SND4    ( 1 SEDS + 4 SNDS )
C==============================================================
C     남측경계
C==============================================================
      IF(NFL(1).GT.0) THEN

      WRITE(1,31)
      DO L=1,NFL(1)
```

```
      IFIRST = SIF(L)
      ILAST  = SIL(L)
      J      = SJF(L)
      DO I=IFIRST,ILAST
         WRITE(1,30) SAL(1,1),TEM(1,1),DYE(1,1),SFL(1,1),TOX1(1,1)
      ENDDO
   ENDDO

   WRITE(1,32)
   DO L=1,NFL(1)
      IFIRST = SIF(L)
      ILAST  = SIL(L)
      J      = SJF(L)
      DO I=IFIRST,ILAST
         WRITE(1,30) SED1(1,1),SND1(1,1),SND2(1,1),SND3(1,1),
  :                  SND4(1,1)
      ENDDO
   ENDDO

   WRITE(1,33)
   DO L=1,NFL(1)
      IFIRST = SIF(L)
      ILAST  = SIL(L)
      J      = SJF(L)
      DO I=IFIRST,ILAST
         WRITE(1,30) SAL(2,1),TEM(2,1),DYE(2,1),SFL(2,1),TOX1(2,1)
      ENDDO
   ENDDO

   WRITE(1,34)
   DO L=1,NFL(1)
      IFIRST = SIF(L)
      ILAST  = SIL(L)
```

```
         J        = SJF(L)
         DO I=IFIRST,ILAST
           WRITE(1,30) SED1(2,1),SND1(2,1),SND2(2,1),SND3(2,1),
     :                 SND4(2,1)
         ENDDO
       ENDDO
       ENDIF

30     FORMAT(5F10.0)
31     FORMAT('C48    SAL    TEM    DYE    SFL    TOX1')
32     FORMAT('C49    SED1   SND1   SND2   SND3   SND4')
33     FORMAT('C50    SAL    TEM    DYE    SFL    TOX1')
34     FORMAT('C51    SED1   SND1   SND2   SND3   SND4')
C=================================================================
C      서측경계
C=================================================================
       IF(NFL(2).GT.0) THEN

       WRITE(1,41)
       DO L=1,NFL(2)
         JFIRST = WJF(L)
         JLAST  = WJL(L)
         I      = WIF(L)
         DO J=JFIRST,JLAST
           WRITE(1,30) SAL(1,2),TEM(1,2),DYE(1,2),SFL(1,2),TOX1(1,2)
         ENDDO
       ENDDO

       WRITE(1,42)
       DO L=1,NFL(2)
         JFIRST = WJF(L)
         JLAST  = WJL(L)
         I      = WIF(L)
```

```
      DO J=JFIRST,JLAST
        WRITE(1,30) SED1(1,2),SND1(1,2),SND2(1,2),SND3(1,2),
     :              SND4(1,2)
      ENDDO
    ENDDO

    WRITE(1,43)
    DO L=1,NFL(2)
      JFIRST = WJF(L)
      JLAST  = WJL(L)
      I      = WIF(L)
      DO J=JFIRST,JLAST
        WRITE(1,30) SAL(2,2),TEM(2,2),DYE(2,2),SFL(2,2),TOX1(2,2)
      ENDDO
    ENDDO

    WRITE(1,44)
    DO L=1,NFL(2)
      JFIRST = WJF(L)
      JLAST  = WJL(L)
      I      = WIF(L)
      DO J=JFIRST,JLAST
        WRITE(1,30) SED1(2,2),SND1(2,2),SND2(2,2),SND3(2,2),
     :              SND4(2,2)
      ENDDO
    ENDDO
    ENDIF

41  FORMAT('C53   SAL    TEM    DYE    SFL    TOX1')
42  FORMAT('C54   SED1   SND1   SND2   SND3   SND4')
43  FORMAT('C55   SAL    TEM    DYE    SFL    TOX1')
44  FORMAT('C56   SED1   SND1   SND2   SND3   SND4')
C==============================================================
```

```
C     동측경계
C=====================================================================
      IF(NFL(3).GT.0) THEN

      WRITE(1,51)
      DO L=1,NFL(3)
         JFIRST = EJF(L)
         JLAST  = EJL(L)
         I      = EIF(L)
         DO J=JFIRST,JLAST
            WRITE(1,30) SAL(1,3),TEM(1,3),DYE(1,3),SFL(1,3),TOX1(1,3)
         ENDDO
      ENDDO

      WRITE(1,52)
      DO L=1,NFL(3)
         JFIRST = EJF(L)
         JLAST  = EJL(L)
         I      = EIF(L)
         DO J=JFIRST,JLAST
            WRITE(1,30) SED1(1,3),SND1(1,3),SND2(1,3),SND3(1,3),
     :                  SND4(1,3)
         ENDDO
      ENDDO

      WRITE(1,53)
      DO L=1,NFL(3)
         JFIRST = EJF(L)
         JLAST  = EJL(L)
         I      = EIF(L)
         DO J=JFIRST,JLAST
            WRITE(1,30) SAL(2,3),TEM(2,3),DYE(2,3),SFL(2,3),TOX1(2,3)
         ENDDO
```

```
      ENDDO

      WRITE(1,54)
      DO L=1,NFL(3)
         JFIRST = EJF(L)
         JLAST  = EJL(L)
         I      = EIF(L)
         DO J=JFIRST,JLAST
            WRITE(1,30) SED1(2,3),SND1(2,3),SND2(2,3),SND3(2,3),
     :                  SND4(2,3)
         ENDDO
      END DO
      ENDIF

51    FORMAT('C58    SAL     TEM     DYE     SFL     TOX1')
52    FORMAT('C59    SED1    SND1    SND2    SND3    SND4')
53    FORMAT('C60    SAL     TEM     DYE     SFL     TOX1')
54    FORMAT('C61    SED1    SND1    SND2    SND3    SND4')
C=================================================================
C     북축경계
C=================================================================
      IF(NFL(4).GT.0) THEN

      WRITE(1,61)
      DO L=1,NFL(4)
         IFIRST = NIF(L)
         ILAST  = NIL(L)
         J      = NJF(L)
         DO I=IFIRST,ILAST
            WRITE(1,30) SAL(1,4),TEM(1,4),DYE(1,4),SFL(1,4),TOX1(1,4)
         ENDDO
      ENDDO
```

```
WRITE(1,62)
DO L=1,NFL(4)
   IFIRST = NIF(L)
   ILAST  = NIL(L)
   J      = NJF(L)
   DO I=IFIRST,ILAST
      WRITE(1,30) SED1(1,4),SND1(1,4),SND2(1,4),SND3(1,4),
:                 SND4(1,4)
   ENDDO
ENDDO

WRITE(1,63)
DO L=1,NFL(4)
   IFIRST = NIF(L)
   ILAST  = NIL(L)
   J      = NJF(L)
   DO I=IFIRST,ILAST
      WRITE(1,30) SAL(2,4),TEM(2,4),DYE(2,4),SFL(2,4),TOX1(2,4)
   ENDDO
ENDDO

WRITE(1,64)
DO L=1,NFL(4)
   IFIRST = NIF(L)
   ILAST  = NIL(L)
   J      = NJF(L)
   DO I=IFIRST,ILAST
      WRITE(1,30) SED1(2,4),SND1(2,4),SND2(2,4),SND3(2,4),
:                 SND4(2,4)
   ENDDO
ENDDO
ENDIF
```

```
61    FORMAT('C63    SAL     TEM     DYE     SFL     TOX1')
62    FORMAT('C64    SED1    SND1    SND2    SND3    SND4')
63    FORMAT('C65    SAL     TEM     DYE     SFL     TOX1')
64    FORMAT('C66    SED1    SND1    SND2    SND3    SND4')
C==============================================================
      DO K1 = 1,  4
      DO K2 = 1,  NB
      DO K3 = 1,  2
      DO K4 = 1,  NHC
         PHA(K1,K2,K3,K4) = PHA(K1,K2,K3,K4) * 3600./AS(K4)
      ENDDO
      ENDDO
      ENDDO
      ENDDO
C==============================================================
C     READ LXLY.INP
C==============================================================
      OPEN(UNIT=1,FILE=FNINP,STATUS='OLD')

      DO L=1,4
         READ(1,*)
      ENDDO
      DO L=2,LC-1
         READ(1,*) I,J,X(I,J),Y(I,J)
      ENDDO
      CLOSE(1)
C==============================================================
C     PRINT EFDC_HarCon.dat
C==============================================================
      OPEN(UNIT=1,FILE=FNOUT2,STATUS='UNKNOWN')

      WRITE(1,80)
C==============================================================
```

```
C       SOUTH
C=================================================================
      NCS  =  0
      IF(NFL(1).GT.0) THEN
        K1 = 1
      DO K2 = 1,NFL(1)
        I1    = SIF(K2)
        J1    = SJF(K2)
        I2    = SIL(K2)
        J2    = SJL(K2)
        XF    = X(I1,J1)
        XL    = X(I2,J2)
        XLF = XL - XF
        IF(XLF.EQ.0) XLF = 1.
        IF(K2.EQ.1) KMX  = 1
        IF(K2.GT.1) KMX  = KK
      DO K4 = 1,NHC
        R1    = (AMP(K1,K2,2,K4)-AMP(K1,K2,1,K4))/XLF
        R2    = (PHA(K1,K2,2,K4)-PHA(K1,K2,1,K4))/XLF
        KK    =  KMX
        DO II=I1,I2
          AMPS(KK,K4) = AMP(K1,K2,1,K4)   + R1 * (X(II,J1)-XF)
          PHAS(KK,K4) = PHA(K1,K2,1,K4)   + R2 * (X(II,J1)-XF)
          KK              = KK + 1
        ENDDO
      ENDDO
      ENDDO

      DO M=1,KK-1
         WRITE(1,81) M,AMPS(M,1),PHAS(M,1)
         WRITE(1,82) M,AMPS(M,2),PHAS(M,2)
         WRITE(1,83) M,AMPS(M,3),PHAS(M,3)
         WRITE(1,84) M,AMPS(M,4),PHAS(M,4)
```

```
      ENDDO
      NCS = KK-1
      ENDIF
C===========================================================================
C      WEST
C===========================================================================
      NCW  =  NCS
      IF(NFL(2).GT.0) THEN
         K1   = 2
      DO K2 = 1,NFL(2)
         I1   = WIF(K2)
         J1   = WJF(K2)
         I2   = WIL(K2)
         J2   = WJL(K2)
         YF   = Y(I1,J1)
         YL   = Y(I2,J2)
         YLF = YL - YF
         IF(YLF.EQ.0) YLF = 1.
         IF(K2.EQ.1) KMX  = 1
         IF(K2.GT.1) KMX  = KK
      DO K4 = 1,NHC
         R1   = (AMP(K1,K2,2,K4)-AMP(K1,K2,1,K4))/YL
         R2   = (PHA(K1,K2,2,K4)-PHA(K1,K2,1,K4))/YL
         KK  =  KMX
         DO JJ=J1,J2
            AMPW(KK,K4)  = AMP(K1,K2,1,K4)  + R1 * (Y(I1,JJ)-YF)
            PHAW(KK,K4)  = PHA(K1,K2,1,K4)  + R2 * (Y(I1,JJ)-YF)
            KK               = KK + 1
         ENDDO
      ENDDO
      ENDDO

      DO M=1,KK-1
```

```
      M1 = M + NCS
      WRITE(1,81) M1,AMPW(M,1),PHAW(M,1)
      WRITE(1,82) M1,AMPW(M,2),PHAW(M,2)
      WRITE(1,83) M1,AMPW(M,3),PHAW(M,3)
      WRITE(1,84) M1,AMPW(M,4),PHAW(M,4)
    ENDDO
    NCW = NCS + KK-1
    ENDIF
C=================================================================
C     EAST
C=================================================================
    NCE  =  NCW
    IF(NFL(3).GT.0) THEN
      K1 = 3
    DO K2 = 1,NFL(3)
      I1   = EIF(K2)
      J1   = EJF(K2)
      I2   = EIL(K2)
      J2   = EJL(K2)
      YF   = Y(I1,J1)
      YL   = Y(I2,J2)
      YLF = YL - YF
      IF(YLF.EQ.0) YLF = 1.
      IF(K2.EQ.1) KMX  = 1
      IF(K2.GT.1) KMX  = KK
    DO K4 = 1,NHC
      R1   = (AMP(K1,K2,2,K4)-AMP(K1,K2,1,K4))/YLF
      R2   = (PHA(K1,K2,2,K4)-PHA(K1,K2,1,K4))/YLF
      KK   =  KMX
      DO JJ=J1,J2
        AMPE(KK,K4)  = AMP(K1,K2,1,K4)  - R1 * (Y(I1,JJ)-YF)
        PHAE(KK,K4)  = PHA(K1,K2,1,K4)  - R2 * (Y(I1,JJ)-YF)
        KK           = KK + 1
```

```
         ENDDO
      ENDDO

      DO M=1,KK-1
         M2 = M + NCW
         WRITE(1,81) M2,AMPE(M,1),PHAE(M,1)
         WRITE(1,82) M2,AMPE(M,2),PHAE(M,2)
         WRITE(1,83) M2,AMPE(M,3),PHAE(M,3)
         WRITE(1,84) M2,AMPE(M,4),PHAE(M,4)
      ENDDO
      ENDDO
      NCE = NCW + KK-1
      ENDIF
C==================================================================
C     NORTH
C==================================================================
      NCN  =  NCE
      IF(NFL(4).GT.0) THEN
        K1 = 4
      DO K2 = 1,NFL(4)
        I1   = NIF(K2)
        J1   = NJF(K2)
        I2   = NIL(K2)
        J2   = NJL(K2)
        XF   = X(I1,J1)
        XL   = X(I2,J2)
        XLF = XL - XF
        IF(XLF.EQ.0) XLF = 1.
        IF(K2.EQ.1) KMX  = 1
        IF(K2.GT.1) KMX  = KK
      DO K4 = 1,NHC
        R1   = (AMP(K1,K2,2,K4)-AMP(K1,K2,1,K4))/XLF
        R2   = (PHA(K1,K2,2,K4)-PHA(K1,K2,1,K4))/XLF
```

```
      KK  =  KMX
      DO II=I1,I2
         AMPN(KK,K4)  = AMP(K1,K2,1,K4)  + R1 * (X(II,J1)-XF)
         PHAN(KK,K4)  = PHA(K1,K2,1,K4)  + R2 * (X(II,J1)-XF)
         KK           = KK + 1
      ENDDO
    ENDDO
    ENDDO

    DO M=1,KK-1
      M3 = M + NCE
      WRITE(1,81) M3,AMPN(M,1),PHAN(M,1)
      WRITE(1,82) M3,AMPN(M,2),PHAN(M,2)
      WRITE(1,83) M3,AMPN(M,3),PHAN(M,3)
      WRITE(1,84) M3,AMPN(M,4),PHAN(M,4)
    ENDDO
    ENDIF
    CLOSE(1)

80  FORMAT('C17 NPFOR SYMBOL AMPLITUDE PHASE')
81  FORMAT(I5,5X,"'M2' ",F15.7,F15.5)
82  FORMAT(I5,5X,"'S2' ",F15.7,F15.5)
83  FORMAT(I5,5X,"'K1' ",F15.7,F15.5)
84  FORMAT(I5,5X,"'O1' ",F15.7,F15.5)
C==========================================================================
    STOP
    END
```

부록 8 | MAKE_DXDYINP.FOR

```
C
C    본 프로그램은 DEP.DAT 수심을 수정이 용이한 형태로 출력하여
C    수정과정을 거친 Z_Check_Edited.dat로 다시 읽어드린 후
C    최종적으로 DXDY.INP로 출력.
C

      parameter (imax1= 500,jmax1=500,nmax=250000)
                                          ! imax X jmax: max. no. of grid in x,y dirs
      integer   i(nmax),j(nmax)
      REAL      z(imax1,jmax1),dx(nmax),dy(nmax),x(nmax),y(nmax)
      REAL      xs(imax1,jmax1),ys(imax1,jmax1),zs(imax1,jmax1)   ! in Surfer
      REAL      MSL                                               ! Mean Sea Level
      CHARACTER*20 FNINP1,FNINP2,FNINP3,FNINP4
      CHARACTER*20 FNOUT1,FNOUT2
      CHARACTER*1  R
C===================================================================
      open(unit=1,file='MAKE_DXDYINP.CTL',status='old')

      READ(1,10) FNINP1
      READ(1,10) FNINP2
      READ(1,10) FNINP3
      READ(1,10) FNINP4
      READ(1,10) FNOUT1
      READ(1,10) FNOUT2
      READ(1,*)
      READ(1,*)
      READ(1,*)  IMAX,JMAX,SURFELV,ZROUGH,IVEGTYPE,MSL
```

```
10      FORMAT(20X,A20)
        CLOSE(1)
C================================================================
C       READ  DXDY.OUT
C================================================================
        open(unit=1,file=FNINP1,status='old') !  i,j,dx,dy,z

        read(1,20)
        k=0
100     k=k+1
        read(1,*,iostat=iso)  i(k),j(k),dx(k),dy(k)
        if(iso.eq.0)  goto  100

20      format(///)
        CLOSE(1)
C================================================================
C       READ  LXLY.OUT
C================================================================

        open(unit=1,file=FNINP2,status='old') !  i,j,xc,yc,ccue,ccve,ccun,ccvn

        read(1,20)
        k=0
110     k=k+1
        read(1,*,iostat=iso)  i(k),j(k),x(k),y(k)
        if(iso.eq.0)  goto  110
        kmax=k-1
        CLOSE(1)
C================================================================
C       READ   DEPDAT.INP
C================================================================
        open(unit=1,file=FNINP3,status='old')
!       x,y,z  ascii  format  converted  from  SURFER(S/W)  grd  file
```

```
120     read(1,*,iostat=iso) I1,J1,xs(i1,j1),ys(i1,j1),zs(i1,j1)

        if(iso.eq.0) goto 120
        CLOSE(1)
C==============================================================
C       PRINT   Z_CHECK.DAT   (z values in 2d format)
C==============================================================
        open(unit=1,file=FNOUT1,status='unknown')

        ni     = 29
        npage  = int((imax-1)/ni) + 1
        ilast  = 0
        ifirst = ilast + 1
        ilast  = ilast + ni

        do k=1,npage
           write(1,40) ifirst,ilast
           do j1=jmax,1,-1
              write(1,41) j1,(zS(i1,j1),i1=ifirst,ilast)
           end do
           ifirst=ilast+1
           ilast=ilast+ni
           if(ilast.gt.imax) ilast=imax
        end do

40      format(10x,2i10)
41      format(i5,29f4.1)
        close(1)
C==============================================================
C       READ   Z_Check_Edited.dat
C       correct z values in Z_Check.dat
C       and save it Z_Check_Edited.dat
C==============================================================
        WRITE(*,200)
```

```
      WRITE(*,210)
      READ(*,220) R

200   FORMAT(' You should correct z values in Z_Check.dat and',
     :       ' make Z_Check_Edited.dat right now')
210   FORMAT(' and then Enter y otherwise n:  ')
220   FORMAT(A1)
C==============================================================
      IF(R.EQ.'y'.or.R.EQ.'Y') THEN

      open(unit=1,iostat=ios,file=FNINP4,status='old')

      if(ios.Ne.0) then
         WRITE(*,250)
         stop
      endif
250   FORMAT('  Error : Z_Check_Edited.dat does not exist ')

      ni=29
      npage=int((imax-1)/ni)+1
      ilast=0
      ifirst=ilast+1
      ilast=ilast+ni

      do k=1,npage
         read(1,50)
         do j1=jmax,1,-1
            read( 1,51) j11,(zS(i1,j1),i1=ifirst,ilast)
         end do
         ifirst=ilast+1
         ilast=ilast+ni
         if(ilast.gt.imax) ilast=imax
      end do
      WRITE(*,260)
```

```
50    format(10x)
51    format(i5,29f4.1)
260   FORMAT(' Successfully read Z_Check_Edited.dat')
      close(1)
      ENDIF
C==================================================================
C     PRINT dxdy.inp
C==================================================================
      open(unit=1,file=FNOUT2,status='unknown')

      write(1 ,61)
      write(1 ,62)
      write(1 ,63)
      write(1 ,62)
      do k=1,kmax
         ix    =  i(k)
         jy    =  j(k)
         belv  =  -1.*(zS(ix,jy) + MSL)
         depth =  surfelv - belv
         write(1 ,65) ix,jy,dx(k),dy(k),depth,belv,zrough,ivegtype
      end do

60    format(i6,i7,5(2x,e11.5))
66    format(i6,i7,4(2x,e11.5))
67    format(i6,i7,3(2x,e11.5))
61    format('C dxdy.inp file, in free format across columns')
62    format('C')
63    format('C      I      J        DX              DY              DEPTH',
     :       '     BOTTOM ELEV      ZROUGH   VEG TYPE')
65    format(i6,i7,5(2x,f12.2),i5)
      close(1)
C==================================================================
      stop
      end
```

찾아보기

ㅊ

ㅋ

ㅌ

ㅍ

ㅎ

영문